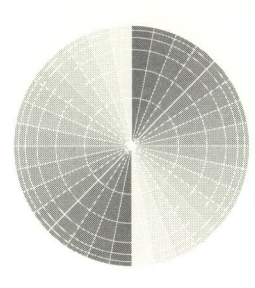

水文大循環と地域水代謝

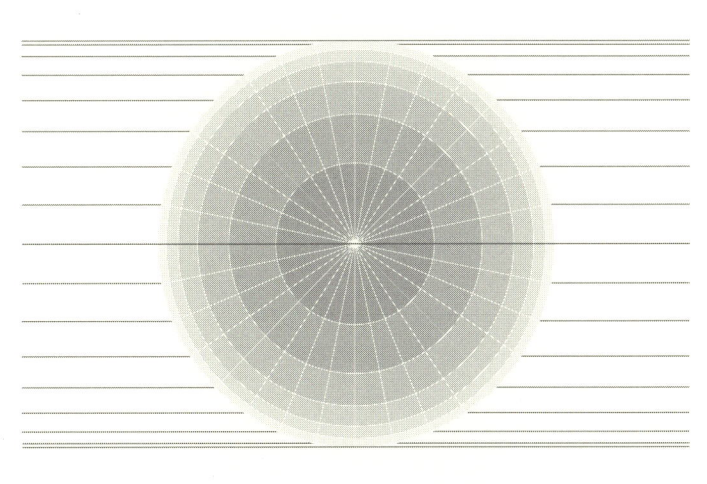

丹保憲仁・丸山俊朗 編

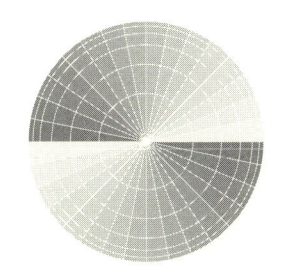

技報堂出版

序言

　水は本書で再々述べられるように，太陽エネルギーによって駆動され，天と地の間を平均して10日に一度巡る高速循環資源である．人が利用している自然の物質（資源）の中で高速に常時自然循環する特異な資源である．この循環は水文大循環（hydrological cycle）といわれ，地球（水の惑星）環境存立の基本となる現象である．人はその恵みを当然のこととして水を自分の必要に応じて使い，この水の惑星に生きてきた．

　生物は必要に応じて生命を維持するための資源を環境から取り込み，不要になった物を体外に排出し，その間に得られる有用な性質を活用して生存を続ける．水についても同様であり，生物体の必要に応じて自然環境（水文大循環経路）から取り，活用し，その結果不要となった水をまた大循環経路に排出する．活用できる性質をもつ物質（水など）を資源と称し，活用とそのための物質の取得と排除を生物の代謝（metabolism）という．ヒトなどの動物や植物は水代謝をもち，水の性質を利用し，不要化した成分を体外に放出する．

　個体の水代謝はやがて集落の水代謝へと社会化し，潅漑システム，上水道・下水道などの都市水代謝システムや産業水システムへと拡大する．このような拡大は，地域の水文大循環サイクルの大きさに収まりがたい状況をまねくようになり，水資源問題や水環境問題を発生させるようになる．特異な資源としての水の大循環と特異な生物である人間社会の重なりの間に不協和音が立ちはじめる．

　20世紀が終わるところで，地球の人口は60億人を超えた．そして，21世紀の終わる頃には100億人に達しようかといわれている．一方，わが日本の人口は，急増をみせた20世紀が終わるところで1億2500万人に達したのを最高として，急速に減少に向かい，21世紀の終わる頃には7000万人にまで減ずるのでないかといわれている．

　世界人口はアジア，アフリカ，南アメリカを中心にまだ急増しており，さらにまたこれらの国々は水資源にあまり恵まれていない．人口の急増はただち

に農業用水等の逼迫をまねいて食料の確保を困難にし，同時に都市・地域住民への安全な生活用水の供給と衛生的な環境の確保，という水にかかわる大きな問題を提起する．21世紀は「水の世紀」であろうといわれる理由である．

　一方，わが国は世界の中で水資源に恵まれた国の一つであり，都市水システムもかなり良く整い，水田を核にした農業用水秩序も歴史的に成立しており，世界の中では問題のきわめて少ない国の一つである．しかしながら，20世紀の高度な産業社会化とそれを可能にした太平洋沿岸メガロポリスを中心とする地域への人口と産業活動の急速な大集積は，地域の自然水系に極端なストレスを与えている．自然系・用水系の水質保全と自然生態系の回復という質に関する新しい問題の解決が迫られている．

　加えて，地球温暖化という水資源の循環サイクルに大きな変調をきたすような状態がひたひたと迫りつつあり，それらをどう考えに入れて将来を見通すかもまたむずかしい21世紀の課題である．

　本書は，日本学術会議の第17期（1998-2000年）の水資源専門委員会のメンバーがその間に学びあった事柄を再整理して一書として世に送りたいと考えたものである．範囲は自然科学分野に限られているが，専門を異にするメンバーの相互理解から勉強がはじまった．まだ十里の道の三里目くらいであるが，同じ問題をさまざまな観点で学ぼうとしている方々に三里目を共有していただけると，次の三里をもっと広く確かなものにできるのではないかと考えて，出版させていただくこととした．21世紀の水を基礎に立ち返って扱うことをさまざまな分野の方にご一緒していただけるならば望外の幸いである．

　本の編集と出版に当たり技報堂出版の森晴人氏に多大のご支援を得た．記して深謝を申し上げる．

2002年12月

著者代表　丹保憲仁

放送大学長，北海道大学名誉教授，
学術会議第17, 18期会員，
17期水資源専門委員会委員長

執筆分担 (目次順, 2003 年 1 月現在)

丹保 憲仁	放送大学長, 北海道大学名誉教授	(第 1 章)
植田 洋匡	京都大学防災研究所大気災害研究部門教授	(第 2 章)
小川 滋	九州大学農学部附属演習林教授	(第 3 章)
小尻 利治	京都大学防災研究所水資源研究センター教授	(第 4 章)
髙村 弘毅	立正大学地球環境科学部教授	(第 5 章)
水谷 正一	宇都宮大学農学部教授	(第 6 章)
村岡 浩爾	大阪産業大学人間環境学部教授	(第 7 章)
眞柄 泰基	北海道大学大学院工学研究科教授	(第 8 章)
丸山 俊朗	宮崎大学工学部教授	(第 9 章)
高橋 裕	国際連合大学上席学術顧問, 東京大学名誉教授	(Appendix)

目次

第1章 水資源と都市・地域の水代謝システム ... 1
- 1.1 終わろうとしている近代 —我われが生きている時代— ... 2
- 1.2 水文大循環と流域の水利用 ... 3
- 1.3 都市水代謝（利用と排水）と下流汚濁 ... 7
- 1.4 社会環境的な水問題 ... 10
- 1.5 流域環境システム ... 13
- 1.6 境界制御のための水処理 ... 15
- 1.7 質と量を使い分ける新水代謝システム ... 17
- 1.8 新しい都市・地域水代謝システムへの道筋 ... 20
- 1.9 農業用水について ... 21

第2章 水の大循環サイクルと水資源 ... 25
- 2.1 地球規模での水循環 ... 26
- 2.2 世界の降水量分布 ... 28
- 2.3 乾燥地域, 半乾燥地域の水資源 ... 32
- 2.4 地球温暖化にともなう地球規模水資源の変動 ... 35
- 2.5 ヒートアイランド ... 41
- 2.6 水資源の水質変化 ... 42

第3章 森林と水資源 ... 45
- 3.1 はじめに ... 46
- 3.2 森林の循環システム ... 46
- 3.3 森林の利用と水文環境 ... 48
- 3.4 森林地からの流出のプロセス ... 50
- 3.5 森林地での流出特性 ... 53
- 3.6 水源涵養機能 ... 55

3.7　森林による水質保全 61
　　3.8　森林による熱環境の保全 65
　　3.9　森林と流域管理 67

第 4 章　川と水資源 71
　　4.1　日本の水資源の現状と将来への展望 72
　　4.2　総合流域管理概念とその評価手順の提案 76
　　4.3　流域環境評価に向けてのシミュレーション 81
　　4.4　今後の課題 90

第 5 章　地下水と水資源 92
　　5.1　水資源としての地下水の復権 93
　　5.2　雨水浸透促進施設設置による地下水資源の蘇生 101
　　5.3　土壌・地下水汚染 110
　　5.4　ま　と　め 115

第 6 章　農 業 と 水 117
　　6.1　農業水利の新たな役割
　　　　　　―環境調和型農業の展開と関連して― 118
　　6.2　21 世紀の水需要予測 119
　　6.3　農業用水の役割 121
　　6.4　水文学的水循環 125
　　6.5　生物学的水循環と生物多様性 126
　　6.6　水路分級論 127
　　6.7　農業用水の管理主体 128

第 7 章　都市・地域の水環境 131
　　7.1　水文循環系と都市・地域 132
　　7.2　水環境と国土保全 134
　　7.3　都市・地域の水代謝 137
　　7.4　地球規模の水環境 146

第 8 章 都市活動と水資源 149
    8.1 近代上下水道への道程 150
    8.2 公衆衛生と環境保全のための上下水道 154
    8.3 これからの上下水道 160

第 9 章 沿岸域と水利用 165
    9.1 は じ め に 166
    9.2 沿岸域の環境情報 168
    9.3 ノリの生育に及ぼす塩素消毒下水処理水と
        粘土粒子の影響 181

Appendix 水資源問題に関する世界の動向 195
    A.1 は じ め に 196
    A.2 地球の水危機の実態 197
    A.3 国際水文学計画 203
    A.4 AP-FRIEND 204
    A.5 GAME 206
    A.6 第 10 回世界水会議（World Water Congress）........ 207
    A.7 WWC（World Water Council, 世界水会議）......... 208
    A.8 SWS と GWP 209
    A.9 WWC と GWP 210
    A.10 WCD（World Commission on Dams）............... 211
    A.11 世界水フォーラム（World Water Forum）.......... 212
    A.12 IWA（International Water Association）........... 214

索　引 217

第1章 水資源と都市・地域の水代謝システム

1.1 終わろうとしている近代 —我われが生きている時代—　2
1.2 水文大循環と流域の水利用　3
1.3 都市水代謝（利用と排水）と下流汚濁　7
1.4 社会環境的な水問題　10
1.5 流域環境システム　13
1.6 境界制御のための水処理　15
1.7 質と量を使い分ける新水代謝システム　17
1.8 新しい都市・地域水代謝システムへの道筋　20
1.9 農業用水について　21

1.1 終わろうとしている近代
―我われが生きている時代―

　AD1500年代にはじまる西欧の時代が，産業革命を経て200年にわたる近代という人類の大増殖の時代を招来し，いま地球の容量限界につきあたってその成長速度を落としはじめ，22世紀には終焉をみるのではないかと思われる（**図1.1**）．近代200年の大成長を支えたのは近代科学・技術であり，それを普遍化したのが学校教育である．自然現象や時には社会現象までも科学という様式化された道筋（思考体系）に整理し，「一定の手順によれば一定の結論に達する」ことを目標に学問体系を組み立て，地球上のあらゆる活動を理解し，その運用をはかろうとしてきた．長年にわたる，教育の普及拡大の努力によって，近代文明は学習可能文明として普遍化された．まさにそのときに，人類の活動度の巨大化と地球容量の限界との対比でこの文明の構造的な成長限界をみることになった．地球環境制約時代の到来である[1]．

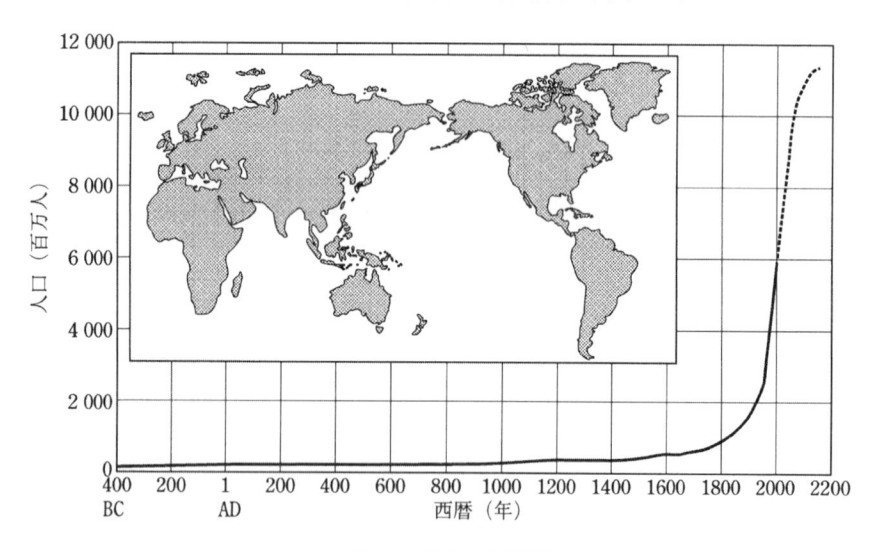

図1.1　世界の人口変化

　近代産業の多くは，要素原理的な科学に発する単様な生産技術を，高速大量輸送技術で支えて大規模化・効率化した比較的単純粗放なものであり，地

球上の空間をそれぞれの目的に応じて分取って縦割型に構成され，大量消費経済と対になって機能を発揮する，といった特徴をもっている．大規模農場，単品生産の大工場，原料取得の大鉱山，巨大タンカー群などの産業構造と，スーパーマーケットに代表される流通構造などを例として理解できる．また近代の諸活動の特徴は，量（究極には金）を成果の基準とし，成長を運用の主軸に置いたシステムによることである．さまざまな価値を，数量化指標（多くは金）で表現して，システムの扱いと評価を単純化する．それらのゆえに，数年程度の大学教育をうけただけの人間が，専門家としてシステムを設計・運用していくことができたわけである．その程度の複雑さに社会を分割して，産業を形成し，行政を組織し，学校教育システムをつくり，有効な成長が続けられたのは，地球上の環境・資源（空間）に十分な余裕があったからである．いま，その条件が世界人口が60億人に達するこの世紀の変わり目に失われつつある．

　この閉塞から抜け出るために我われが使える道具は，我われに現代の閉塞をもたらした近代科学技術の基礎しかないという困難（ジレンマ）に直面している．したがって，この閉塞から抜け出るためには，近代科学の基礎をうまく組み合わせ，さまざまなシステムを複合化・融合化することによって，個別システムが並列的に個々にあるよりも，統合化された新システムの方が全体として必要な資源・空間がより少なくてすむ生きかたを設計しなければならない．その際，生命科学や情報学などの新しい先端的科学・技術の付加は，このようなシステムの機能や効率をさらに高める．新システム構成の際に，その評価と設計の基本因子は，近代システムの主として量的指標に依る比較的単純なものから，ことがらの本質を表現するより質的なものへ，そして価値の創造を価値とする抽象性の高いものへ移行するであろう[1]．

1.2 水文大循環と流域の水利用

　地上における人間の営みを支える根本は，図1.2 に示されるように，太陽エネルギーによって駆動され天と地の間を巡る水文大循環による，「水」と「水によって運ばれる物質や熱」の輸送である．地球はその表面の約 3/4 を水

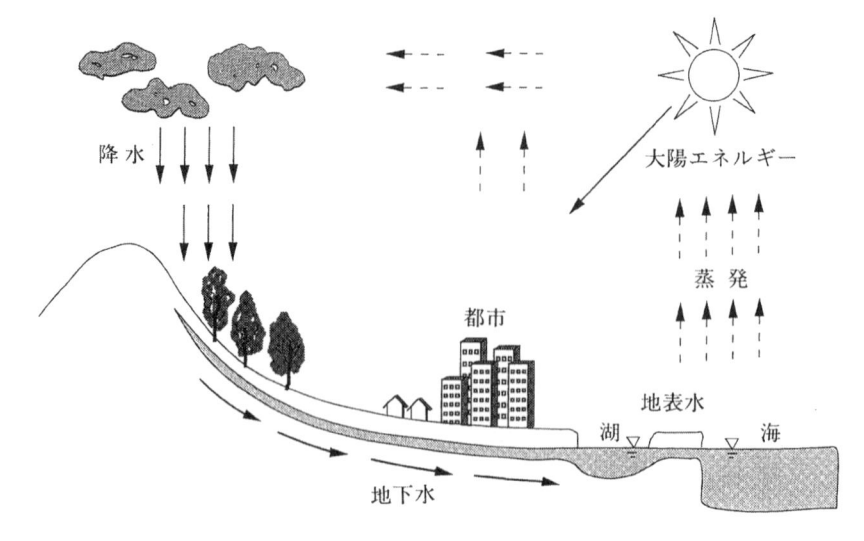

図 **1.2** 水文大循環サイクル

で覆われている．地表に存在する水の総量は 136×10^3 万 km^3 であり，地球の表面積の 70.8 %を占める海洋にその 97.3 %が存在し，地上にある水はわずかに 2.7 %にすぎない．しかもその大半（全水量の 2.14 %の 2.92×10^3 万 km^3）は氷冠や氷河の氷であり，水文大循環経路のなかでの循環速度がきわめて遅く，ほとんど水資源として使うことができない．海洋という大きな塩水貯水域や陸域からの蒸発散によって大気中に移行し水蒸気として存在する水はわずか $13 \times 10^3 \, km^3$ で地球上の全水量の 0.001 %にすぎないが，10 日弱で降水となって入れ替わり，地球上のあらゆる淡水利用の主水源となる．地上に雨や雪などとして降った淡水は，河水（$1.25 \times 10^3 \, km^3$, 0.0001 %），淡水湖水（$125 \times 10^3 \, km^3$, 0.009 %）等を経て海へ流出する．その間，地下水（土壌水分 $67 \times 10^3 \, km^3$, 0.005 %，深層までの地下水 $8\,350 \times 10^3 \, km^3$, 0.61 %）と地表水（河川水・湖沼水など）の間にさまざまな形態と速度の交換がある．河水が海へ流出する時間は，地球の陸地面積が全地球表面積の 1/4 ほどであるから，ほぼ 2〜3 日ということになる．このように淡水の循環（水文大循環）は平均して 10〜11 日の高速度な輸送過程ということになる[2]．

このように，10 日に 1 回といった高速で太陽エネルギーにより淡水として再生され自然循環する天然資源は水のほかにはない．地球のあらゆる活動の

根元を水が担う理由である．河川水の流下速度は 1 m/s のオーダーであるのに対して，地下水流速は 1 cm/s～0.1 mm/s といった低い値である．地下水は大きな存在量をもつけれども，その移動速度を考えると，淡水資源（フロー）としては河川水と地下水は大循環系上ではほぼ同等の水資源ということになる．移動速度や補給速度の極めて小さな深層地下水はフローとしては利用量が限られる．浅層地下水経由の淡水の水文大循環サイクルは日本では 1～2 年くらいとなろう．

　山地から流下してくる水を，水道や灌漑システムをつくって人は利用する．利用量が一番大きいのが農業用水であり，工業用水，生活用水がこれに続く．世界的に見れば図 1.3 にみられるように，農業用水が現在の利用量からも，需要量の伸びからも最大量を占め，水以外で代替できない需要であるといった意味でも，都市用水や工業用水と特性を異にする [3]．

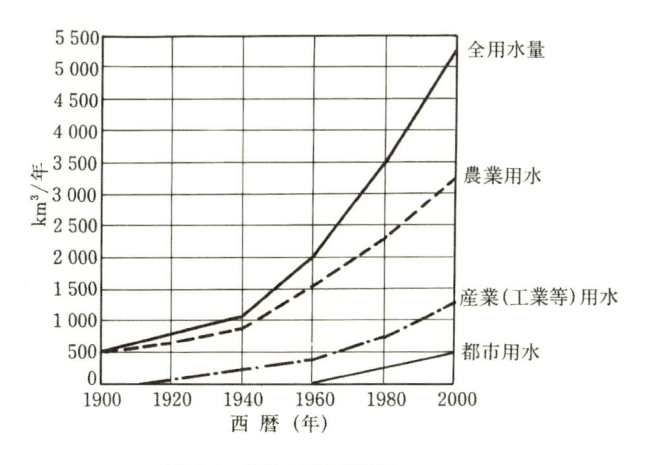

図 1.3　世界の用水需要量

　都市に運ばれた水は生活用水や工業用水などに使われる．飲用をはじめ，洗浄，溶解，運搬，温度・湿度調整など水のもつ多様な性質を利用して多くの用途がある．洗濯は物の汚れが水に溶けて運ばれるということであり，水洗便所は水の大きな運搬（質量）力と水の溶解性を利用し，糞便を運び去り，便器を清浄に保つといったこと，等々である．水が高速自然循環資源で安価に大量に入手できることから，さまざまな用途に汎用される．しかしながら，生態系の維持や農業用水の大部分のように，どうしても水でなければならな

い用途は，都市用水や産業用水の場合は全需要量の一部にしかすぎない[4]．

都市用水を中心に考えてみる．上流域で取水すれば，それは一般にきれいな水である．太陽が再生してくれた「水」そのものである．人はこのような「素」な水を原水として，飲用可能水を供給する（上）水道をつくる．近代都市水道は「最良質の飲用水」から低質でもよい「水洗便所用水」に至るすべての用途に対して，一括して「飲用可能な上質水」を送る．日本の平均では1人1日300 Lほどの水が供給されているが，そのうち飲用可能水でなければならない用途は，その1割以下である[5]．さまざまな用途に使われた水は集められ，一括して下水として都市から排除され，しかるべき処理を受けた後，再び下流水域へもどされる．近代都市の水利用・排出システム（都市水代謝システム）の特徴は，入りも出もそれぞれ一系統の給水と排水系（上水道と下水道）しかもたない，単純一括輸送系によっていることである．

流域の大きさに比して水利用規模が小さく（町や村など），しかも森林がよく保たれている上流域に位置する場合等は，良質な水を潤沢に利用できる．水質のよい水が，必要な量だけいつでも川に流れていて取水でき，簡単な処理であらゆる用途に一括給水できる．また，流下速度がきわめて低いため大量に取水（揚水）できない代わり，水質がきれいな地下水を利用することも可能である．「水道法」に水道の目的として書かれている「清浄にして豊富な水を低廉に供給する」ということが容易に達成できる，恵まれた状況である．

日本では，河川水量は夏冬に少なく，春秋に多い．水の最も少ない渇水流量（一年のうち355日はその流量よりも多い流量）の時期を考えると，集水域$1\,km^2$あたり$0.01\,m^3/s$くらいの水しか川に流れない．そのような場合にも水道水を供給し続けようとすると，1人あたり$400\,m^2$ほどの水源地がいる．冬に雪としてたくわえられたり，森林や火山帯の地下に保水されたりして，渇水量が$1\,km^2$あたり$0.02\,m^3/s$といった恵まれた状況の流域もある．このような地域でも，1人あたり必要な水源地の面積は$200\,m^2$をこえる．

都市人口が増えてくると，自然河川から必要な水量を常に取ることがむずかしくなり，対応策として春の融雪水や台風期の洪水をダム湖などにたくわえ，渇水期に放出して不足水量を補うことがおこなわれる．ダム築造による水資源開発である．仮に$1\,700\,mm$の年降水量と0.6程度の流出率（河川流出水量/降水量）を考える．ダム貯水で滞留時間が増した地域や，森林被覆がよ

く保水力が高い地域では，蒸発散による水損失が増えるので，これらの地域での流出率はわが国の年平均値の 0.8〜0.65 よりも小さくなる．巨大なダムをつくり河川流量を通年一定とする完全平均化が仮におこなわれれば，都市民 1 人あたり 100 m^2 強程度の集水面積が，流域の上流部（水質のよいところ）にあればよいこととなる．このような完全平均化は現実には不可能であり，流出量の 30〜40 ％程度を調整するのが限度であろう．したがって，ダムによる水源開発を進めても，住民 1 人あたり 300 m^2 ほどの上流水源地 (集水域) が水道を維持するために必要となる[5,6]．

わが国の地下水は一般に水質がよく（欧米のように硬度が高くない），よい水源になるが，地形が複雑で帯水層が小規模な場合が多いため，大陸諸国のように大都市の水源とはなりがたく，大きな火山の麓以外は，小規模利用に限られる．

1.3 都市水代謝（利用と排水）と下流汚濁

都市に運ばれた浄水（飲用可能な水）は，飲用をはじめ，洗浄，溶解，運搬，温度・湿度調整など水のもつ多様な性質を利用して多くの用途に使われる．

このような水のさまざまな性質が利用された結果，さまざまな不純物が水に加わり，あらゆる使用済水が一括されて下水という名の汚水となり，下流域へ排出される（図 1.4）．

水中ですぐに分解して河水を腐らせる有機物や，懸濁し沈殿して河水を急速に劣化させるような成分を下水処理場で除いた後に，河川や沿岸域に放流する．古来，さまざまな粒子によって川が濁ってしまうことを汚濁と称した．粘土のような濁りは，洪水時や，中国や東南アジア・アフリカ等では普通な自然現象であるが，わが国のような清澄な川では普段はあまり問題にならない．通常時に都市下流で問題になるのは，家庭排水等に含まれる有機物やそこから発生する微生物群などによる濁りである．

廃水中の有機物を河川に棲む細菌（好気性）が摂取し分解する際に，水中の酸素を呼吸のために消費する．大気中に 20 ％強も存在している酸素は，水中には 10 mg/L（0.00001 ％）くらいしか溶けることができない．酸素は水

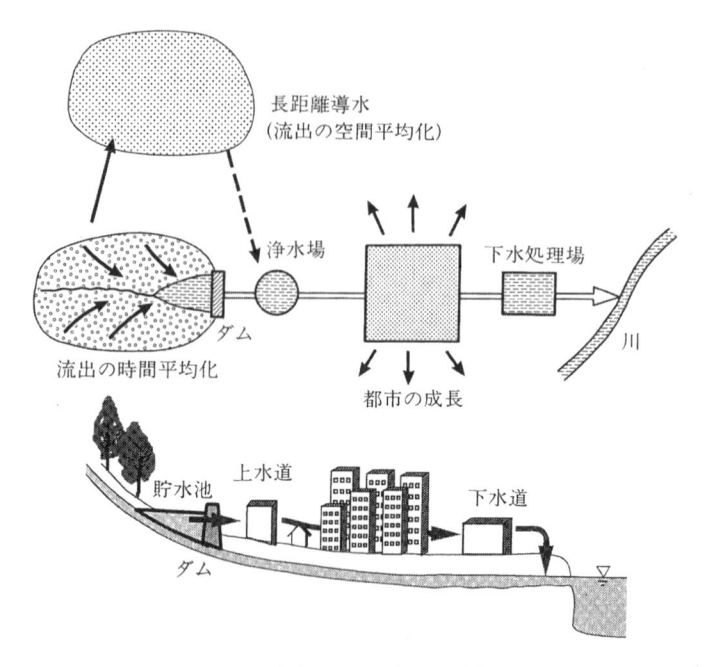

図1.4 水文循環と都市・地域水代謝

に難溶解性であるのに，水中の動物や細菌（好気性）にとって最重要なガスである．有機物（細菌の餌）がたくさんあれば，細菌は急速に増えて水中の濁りを増すとともに水中の酸素を消費してしまう．わずか10 mg/Lくらいしか溶けていない酸素が細菌の増殖（有機物の分解）で消費されてしまうと，水中動物はもちろんのこと，酸素を使って有機物を分解する好気性細菌自身も生き残れない．水が腐ったという状態になる．水中の細菌相は好気性細菌群から嫌気性細菌群に置き換わる．有機物は酸素がないところでは嫌気性分解（腐敗・発酵）によって減少する．自然水域がこのような状態になると，メタンや硫化水素の発生が起こり，通常の生態系は壊滅する．鉄・マンガン・砒素・燐なども底質から溶け出し，さまざまな障害を環境の生物や人の水利用にあたえる．

したがって，水質汚濁の一番粗い指標として，水中酸素が飽和量（10 mg/Lくらい；水温依存）からどのくらい減っているかという，溶存酸素不足量（OD）概念が提案される．急流部では，細菌による有機物分解にともなって水中酸素

が減っても，泡立つ水面から空気が溶け込んできてすみやかに再補給される．下流の静かな川や湖沼などでは空中からの酸素の再補給があまりみこめないため，細菌で分解される有機物が多いと溶存酸素がなくなってしまう．好気性細菌によって分解される有機物が消費する溶存酸素と大気から水体への酸素の再溶解の経時的収支状況をストリータとフェルプス（Streeter & Phelps）が定式化した[7]．以来，水中の溶存酸素をどのくらい消費するかで，有機物（生物分解性）量を表現する生物学的酸素消費量（BOD mg/L）が水質汚濁評価の主指標として使われてきた．

具体的には，水温 20°C で 5 日間密閉した容器中で消費された酸素量で評価される．都市下水は一般に 200 mg/L 程度の BOD 濃度をもっている（実際には 10 mg/L しか酸素は溶けないから，サンプルを薄めて試験に供する）．人は 60 g ほどの BOD 量を 1 日に排出する．糞尿で 15 g，その他の雑廃水で 45 g，合計して 60 g の水中酸素を 1 人 1 日に消費するということである．ウシ 1 頭は 600〜750 g/日と人の 10 倍，ブタ 1 頭は 120 g/日と人の 2 倍くらいの BOD 量を 1 日に排出する．河川上流に畜産業があると，都市よりもはるかに大きな汚濁負荷を河川にあたえることがある．

自然河川や湖はそこに棲む好気性細菌群によって，生物分解性の有機物（BOD）が分解され，細菌が増殖する．自然浄化作用といわれる現象である．しかしながら，有機物量が多すぎると川は酸素を失い，浄化作用がなくなる．そこまでいかなくても細菌等の微生物が大量に発生して，水に濁りをあたえたり，石にノロ（微生物群集，自然浄化とともに腐敗の原因ともなる）を付着させたりして，好ましくない状態をつくる．自然浄化作用を人為的に強化・高速化したのが（微）生物学的下水処理である．エッケンフェルダー（Eckenfelder）らによって BOD を主指標として生物学的下水処理場を設計・運用する方式が定式化され[8]，酸素消費をキー概念として処理と環境管理をつなぐ古典的水質汚濁制御理論が成立し，20 世紀後半には好気性の生物学的下水処理（散布濾床法や活性汚泥法など）システムが広くつくられ，BOD 型の汚濁制御が進んだ．

処理場では下水中の BOD 量（濃度 200 mg/L 程度）の 95 ％程度が高濃度の細菌に補食され，汚泥（細菌群集）として分離され，BOD 濃度が原下水の 5 ％くらいの 10 mg/L 程度にまで低下した処理水が下流に放流される．それ

でもまだ，魚が無理なく住める水質レベルの BOD$_3$ mg/L（水環境の類型基準 B）に比べて高濃度なので，2〜3倍程度の清澄な薄め水を加えるか，さらに高度の処理を加えることが必要となる．日本の大都市では海寄りの最下流や直接海に処理水を放流することが多く，高度処理の付加を免れてきた．近年は下流域や沿岸の汚染が問題となって，高度処理が順次導入されつつある．

上流の農地に大量にまいた肥料から燐酸や窒素成分が水系に流れ込み，停滞水域で藻類の大増殖を誘起し，水に好ましくない味や臭いを付け，ときには毒性藻類による危険さえ生ずる．富栄養化現象である．また，同時に生ずる農薬の流入は，下流の人間や動物に対する環境リスクをいちじるしく高める．面的（非点源）汚染源として分類される制御のむずかしい汚染である．

また，ダム湖等によって流出の時間平均化をおこない，水資源の利用率を向上させる方式は，河川水の滞留時間（プランクトンなどの増殖反応時間）を増加させ，通常の生物学的下水処理では除きにくい微量の燐や窒素等の栄養塩に由来する藻類の増殖を誘起する．下水処理場に燐・窒素除去の高度処理を加えて下流域の富栄養化を制御し，藻類によって水道水に付加された異臭味やときには毒性物質を，活性炭吸着やオゾン酸化などの高度処理プロセスを加えて除去する．20世紀後半には，緑の革命といわれる化学肥料の多投与による農業生産性の向上が一般的となり，その結果，下流水域で富栄養化被害が広く発現し，沿岸域にまでおよぶ．

欧米の大河の下流や農業域を貫流した河川の下流の貯水池では，燐成分を凝集処理して貯水することが普通化しつつある．富栄養塩の制御は，環境負荷低減を重視するつぎの時代の地域水代謝システムでは不可欠な処理プロセスである．

1.4 社会環境的な水問題

下流の大都市に清澄な水を一括供給するためのダム群をつくることにより，上流域では本来豊かに使えていた水環境と水利用に制約を受け，さらにはダム立地のために立ち退きを余儀なくされたりして，下流都市域へのルサンチマンがつのる．ダムによる利水・洪水制御に加えて，流れ込みの水路式発電

所の連鎖によって魚類ほかの水棲生物群も自然環境を失い，さまざまな問題を発生する．

　一方，下流域は上流の集落や畜産からの BOD 型汚染が確実に処理されないことや，農薬と肥料による化学物質の汚染にさらされて生命に対するリスクの増大を憂うことになる．加えて，都市のすべての水利用を水道という手段で一括まかなうために，上流域の最良質の水を最大量に獲得しようとして貯水池群をつくりまくった結果，先に述べた上流域の人びとの便益福祉を損なうのみでなく，自業自得ともいうべき貯水の富栄養化，濁水の長期化現象をまねいてしまい苦慮することにもなる．

　これらの問題を解消するためには，森林を整備し，ダム築造をやめればよいというほどに簡単ではない．洪水と渇水をコントロールすることを，日本列島に 3000 万人しか人がいなかった江戸時代のようなやり方でやりおおせるとは思えない．徳川幕府の 2 世紀半をこえる鎖国（閉鎖系システム）政策は 3000 万人の人口に至る直前で崩壊してしまった．自然エネルギー基準の農業社会の高度な成熟飽和にまで至らせた，世界でもまれな江戸時代の歴史をふまえて考えると，北海道を加えても，再生可能なエネルギーのみで存在できるこの国の人口は 4000〜4500 万人がせいぜいであろう．したがって，太陽エネルギーのみでグリーンに生きていくとすれば，1 億 2500 万人の現在人口のうち 8000 万人以上が過剰であり，この過剰人口は大都市圏を中心に活動し，世界貿易の利得のうえでエネルギー・資源を外国から獲得して生きているということになる（図1.5）．

　それらの人々が，すべての用途に清浄な上流の水を囲い込み，中流の生態系に配慮すること少なく，水洗便所にまで飲用可能な水を流し込む安易な都市生活を続けることはむずかしい．また上流も，農業や畜産業の粗放な方式を改める必要がある．世界に冠たる 60％もの森林被覆率をもつわが国で，安価な外材を輸入して諸外国の林を減らし，みずからの森林をも荒れたままにしている．都市域が再生不可能な商業エネルギーを多量に用いて外貨をかせぎ，国土の生物生産能力からいえば 8000 万人以上が過剰人口であるわが国の繁栄（生存）を支えていることも事実であるが，国土運用のうえで上流域水源域の荒廃を放置することは見逃しがたい．香港・シンガポール型の，生態系からいえば孤立型に似た都市の水利用形態を考えることも，これから東京

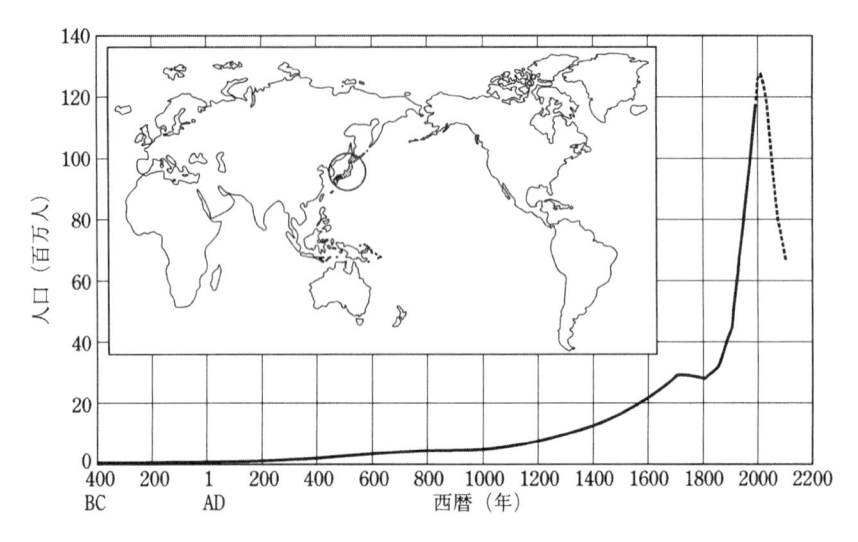

図 1.5 日本の人口変化

や大阪等々の大都市域では必要であろう．九龍半島端部と香港島では水洗便所に海水を用い，沿岸の湾を締め切ったり島の間の海峡を2つのダムで閉じたりして築造した沿岸貯水池に，地域に降った雨を全部ため込み水道で一般用途に供給している．飲料水は，ビン詰めや「沸かし冷まし」の水を当てている[9]．飲用可能水のみを全用途に給水する近代水道と，すべての使用済み水を混合し下水として一括排除するような，粗放な水使いを徐々に改めていくときがきつつあるように思う．「人と人の共生」「人と他の生物の共生」を人の英知でなんとか解いていかないと，人の未来もなくなってしまうところに我われはいる．水の安易な利用を考え直すことからはじめたい．

　海には無限に近い水があるとして，多量の商業エネルギーを消費して海水淡水化をしてまで，つぎの時代にも粗放ともいえる一括型水使い（近代水道・下水道）を使い続けるつもりの人びとがいる．低質淡水（下水処理水など）の高度再生処理でも，$1\,\mathrm{m}^3$ の良質水を得るのに $0.5\,\mathrm{kWH}$ くらいのエネルギーしか消費しないのに，海水淡水化はいまのところ革新的な膜処理の導入によっても $1\,\mathrm{m}^3$ の水を得るのに，$1\,\mathrm{m}^3$ の廃ブラインを出し，$3 \sim 5\,\mathrm{kWH}$ 以上のエネルギーを消費する．地球温暖化が問題となり，人類のエネルギー使用の上限が切られつつある今日，海水淡水化は汎用できる技術ではない．上下流で

の，用途に応じた質の使い分けと，質利用の無駄を省くシステムの確立により，人と人，人と他の生物間の共生を，最少エネルギー消費率と物質消費率で設計し直す必要がある．

1.5 流域環境システム

都市化を極端にまで強めつつある 21 世紀の日本では，
① 財貨の生産・獲得を最大目的とし，化石エネルギー・原子力エネルギーなどの集中的消費によって運用され，生物生産をほとんどおこなわない「都市・産業」域，
② 一粒の種からできるだけ多くの生物生産を獲得しようとする，農地・人工林等の「生産緑地」域と，
③ 多様な生物群の連鎖のもとで生物群の安定な存在を，太陽エネルギーのみで成立・存続させる「自然保全」域

の 3 領域を明確に意識して流域を計画・管理をする必要がある（図 1.6）．

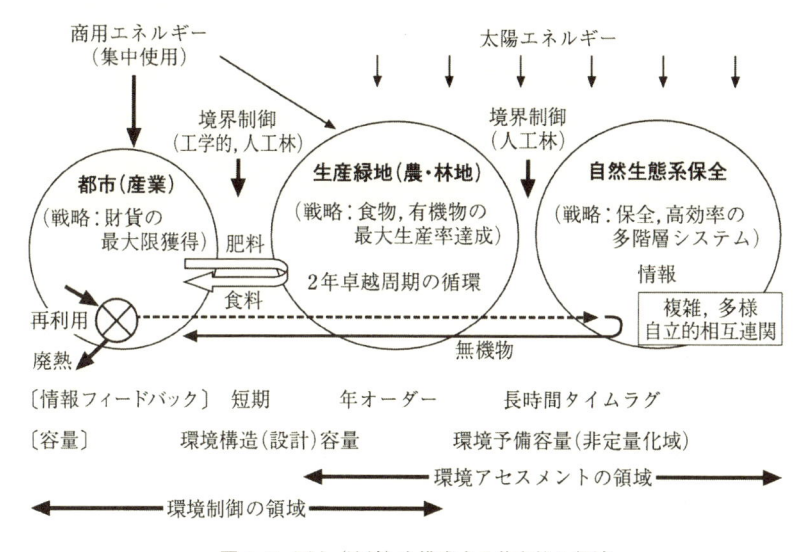

図 1.6 国土（流域）を構成する基本的 3 領域

第1の領域:「都市産業域」での評価指標は,端的にいえば財貨「金」の獲得である.ものごとを「価格 (Value)」で評価できる領域である.経済効用(価格・金)万能に近い近代の末においては,卓越的な価値をもつごとくあつかわれる領域である.

　第3の領域:「自然 (生態系) 保全域」は,ヒトも多様な生物種の一つとしてあつかうことが必要な場である.はびこりすぎた人間は,集団としては自然保全域には入り込まないことでその「価値 (Worth)」(価格でない) を「保全」するしかない領域である.生物多様性の価値を価格(金)で置き換えることはできない.自然林等のもつ価値である.

　第2の領域:「生産緑地」はその中間の性格をもっている.価格で評価できる農・林産物の生産活動が,その他の価値的効用(景観,休養,生態系保護等)とともに存在している領域である[10].

　第2の領域「生産緑地」については,「農地」と「森林」で特徴がいささか異なる.特徴的な差異をあげるとすれば,駆動エネルギーの違いがその一つである.農地は20世紀に「緑の革命」と呼ばれる土地生産性の大増強を,化石エネルギー(化学肥料・農薬・機械化)の大量投与で可能にした.太陽エネルギー駆動系である生産緑地の本質を,人工エネルギーで大修飾した系となっている.人工灌漑についてもその色彩を濃くしている.農地の生産物である食料は,都市域との間で2年を卓越サイクル時間とする比較的短期の循環が可能な系(食料・糞尿・肥料)であるが,今日では食料等の生産においても財貨をどれだけ獲得できるかという価格基準が多くの場合に評価の中心を占める.WTO体制のなかで,価格評価による市場制度に食料供給が乗っており,国内食料生産は輸入品との価格競争にさらされ,その結果,わが国の食料自給率は40％以下に低迷している.したがって,残りの60％は循環に乗りえず,廃棄物と化すことになる.

　それに対して,同じ生産緑地であっても森林は,太陽エネルギーを駆動力として系が営まれており,生産物(木材)は都市域との間で50〜100年という長期の需給関係にあり,その回帰ルートも農産物のようには直接的ではない.その生態系は数十年にわたって比較的安定に保たれることから,短寿命の生物(小型動物や草本類など)にとって(ときにはヒトにとってさえ)よく維持管理された「人工林」は「自然保全域」と似たようなはたらきを示す.

動物の一種としてのヒトが都市の喧噪に耐えられないとき等にヒトが触れる自然として，よい「人工林」は「天然保全林」の代替を果たすことができる．また，はびこりすぎた人間が都市と農業域の間に人工の境界制御を計画する場合，また，農業域が自然生態系に侵入しないように自然保全域との間に境界制御を計画する場合にも，存在の時定数が大きく，生態系として比較的大きな慣性力と包括力をもった人工森林系は，疑似保全系として大きな役割を果たすことになる．森林による木材生産という価格的側面（生産緑地）に対する，疑似保全域としての価値的側面である[10]．

それぞれの領域は河川によってつながり，上流の森林域は良質の水の集水・貯留を，中流域は農業利用のための水代謝を，下流域は都市活動のための水代謝をつかさどるといった，原型的な流域を構成する．流域の産業構造，人口分布によってさまざまな変形が生じ，それに対応した流域計画と管理がおこなわれる．

1.6 境界制御のための水処理

近代上下水道系や水環境保全のために用いられている水処理システムは，地球の水文大循環サイクル上で自然が営んでいる生態学的・地球化学的水質変換過程を模倣したもので，電力などの人工的エネルギーの集中投与によって，自然系よりもはるかに大きな速度で水質変換をおこなう．

その代表的なものは，上水系でいえば，1800年代初頭に英国で形成された普通沈殿・緩速砂濾過からなる緩速濾過システムと，そのほぼ1世紀後の1900年代初頭に米国東部で提案され，現在最も一般的な浄水システムとして汎用されている凝集・沈殿・急速砂濾過・塩素殺菌からなる急速濾過システムと，下水系や諸有機廃水の処理に用いられる，1800年代の末から1900年代の前半にかけて確立された，散布濾床法や活性汚泥法などの好気性微生物処理システムである．下水系で用いられる（微）生物処理は，河川の自浄作用とほぼ同一機構のものであり，微生物化学反応を集中化・高速化したBOD成分対応システムである（図1.7）．

ところが20世紀の後半に至って，人間はかつて自然界に存在しなかったさ

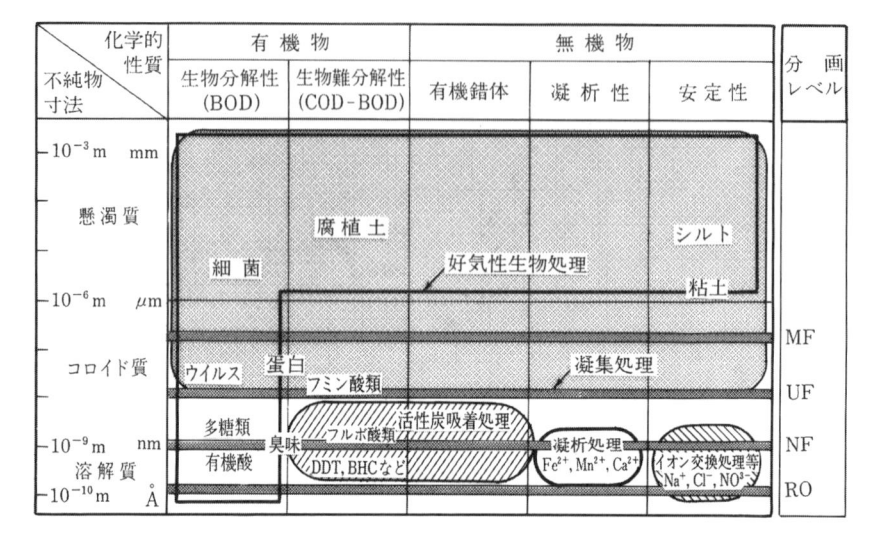

図 1.7 水質(変換)マトリックス

まざまな有機物を化学工学的に大量に合成する技術をもつに至った．自然の生態系はそれらの有機物の無機化・無害化を日常の時空間スケール中で容易におこなえず，諸成分が環境に蓄積する状況を生じ，さらに生体に摂取されると発ガン性や環境変異原性を発現することも少なくなく，しかも制御のための閾値として $\mu g/L \sim ng/L$ といった極低濃度レベルが求められ，諸成分が複合して存在していることが常態である．これら微量の有機成分の分析と影響評価は容易でなく，多成分系のあつかいは困難をきわめる．さらに，自然水中や下水処理水中に普遍的に存在する有機主成分であるフミン質類と常に競合する条件下で微量成分除去処理を設計・運転する，というむずかしい技術・経済的課題を呈する．加えて，近年ではその障害の程度さえ明確でないような極低濃度レベルの内分泌攪乱物質，いわゆる「環境ホルモン」が問題とされる．危険性の高い難分解性の物質については製造禁止が必要である．その他の成分に対しては廃水や用水系における活性炭吸着，イオン交換，強力なオゾン処理，ナノメンブレン濾過等の図 1.7 に示すようなさまざまな高度処理プロセスを従来型水処理系へ付加することが必要となる．水処理システムの複雑化・高エネルギー消費率化という好ましくない道を歩きはじめる．

　1950 年代のはじめ，米国は 20 世紀末に大きな淡水不足に直面すると考え

て，内務省に塩水淡水化局（Office of saline water）を設置して海水淡水化の大規模な研究をおこなった．多段式フラッシュエバポレーターなどの蒸発システムや，現下の主法となっているフロリダ大学の Reido 教授らが 1953 年に提案した逆浸透法などはこのときの OSA プロジェクトにはじまる．淡水系の水処理に比して必要なエネルギー消費率が 10 倍強の $3\,\mathrm{kWH/m^3}$ にもおよび，地球環境の時代に汎用しがたい方法である．とくに，エネルギー資源のほとんどを輸入に頼っているわが国では生命の基本資源である水まで輸入に頼ることとなり，安全保障上も受け入れがたい．沿岸取水に伴う微量汚染も避けがたくあり，下流汚濁の増加も，長距離導水による場合と同じように発現するので，半島や離島以外では用いるべきでないように思う．本土の都市ではエネルギー消費率がより低く，下流負荷を増さない下水再利用系の導入を長期戦略の端緒として考えはじめるべきであろう[6,12]．

しかしながら，1900 年代末期に実用化が進んだミクロ濾過（MF），限外濾過（UF），逆浸透濾過（RO）等の機能膜のいちじるしい進歩は，図 1.7 に示すようにコロイド寸法から低分子の無機塩に至るまでの広い範囲にわたって，任意の分離寸法で選択し，かつ分離境界を精密に設計することが可能になった．淡水系の処理に際しての所要エネルギー消費率も従来プロセスと大きく変わらず，微生物化学反応をはじめ，さまざまな反応プロセスを膜処理システム中にとり込み，水処理ユニットの複合化・精密化が容易となる．また，自動化運転が簡単であり，小スケールの不利が少なく，分散型水システムを 21 世紀の地域水計画のなかに組み込むことが容易になった．20 世紀最後期に水処理工学が得た革命的な技術である．

1.7 質と量を使い分ける新水代謝システム

近年までの都市水システムでは，水道は「清浄な水を，豊富かつ低廉に市民に供給」し，下水道は「都市の衛生と発達を促し，公共水域の保全に資する」という目的をそれぞれもち，個別システムとして整備された．本来的には，双方が水文大循環の直列系の一部として総体的に設計・運用されるべきことへの明確な表現をもたず，双方を連結し，はめ合わす部分となる都市の

水質利用（消費）と自然水域における水質変化プロセスを共有して，地域水システムとして一体的運用をする構造を欠いていた．ようやく水循環という言葉でその両者を共にあつかおうという機運が出てきたが，その中心となる人びとの水質利用の本質をどうあつかうかについて，また自然に寄りかかるオープンな水利用を今後どのようにあつかうかについての哲学がまだみえてこないうらみがある．

　従来システムは，大きな自然に育まれてそのなかで楽々と暮らしている小さな人間社会といった枠組みのなかで，個別の要求に応じて人間活動がそれぞれ環境（自然）につながることができた時代の思考上のものである．人類活動が自然に対して相対的に大きくなり環境に対する卓越的影響要素となったいま，人間の必要を満たしつつも環境への影響をできるだけ小さくする都市・地域水システムを設計しなければならない．つぎの時代には，「適切な水質の水を，適切な水量だけ供給する」ことを「水資源の使い分けと使い回しによって，最少エネルギー消費率で達成する」ように系を設計し，かつ「水利用と排除（水代謝）にあずかる都市・地域が水環境に対して直接に責任をもつ」ことを技術と経営の目標とすることになろう．すべての用途に一括して最上質の飲用可能水を供給し（水道），その末をまた一括して下水と称し捨てる個別の仕組みの維持のみに努力を注ぐといった，近代の粗放な都市水システムを卒業しなければならない．「市民の必要と地球環境保全を総合的に視野に入れた」後近代の新都市水代謝システムを創るための長い努力の出発点に我われはいる．

　「地上動物の総質量の 25％ をも一種族で占めている人類なる動物は，他の生物と常識的な意味で単純に共生しうる地球生態系の一成分ではなく，極端に高いエネルギーと資源の消費密度を持つ特異な生存空間を構成しつつ，多様な自然生態系の海に浮かび，他の生物群との共生を必要とする集団」であることを考えなければならない．したがって，人間集団がおこなう物質代謝は生物群相互に典型的にみられる自然生態系的なものを考えるだけでは不十分で，「自然系との間の代謝（物質・エネルギーのやりとり）が環境への負荷を最小にするように自然界との間に明確に制御された組織境界をもち，境界の内側（都市など）では質の使い分けと必要最小限の物質再利用回路を最少エネルギー消費率で駆動する生体疑似的構造をもつ」ように設計・運転され，

自然の物質循環とエネルギーフローをなるべく乱さないように外部自然と連接すること（都市域の自制論理）を考えなければならない．

「都市域」は電気や化石エネルギーなどの低エントロピー（高質）エネルギーの高密度消費によって運用され，外の環境とオープンな物質・熱代謝を明確な都市境界制御を経て営む，動物の生体システムに類似した空間である．都市域は，「太陽エネルギーで駆動され，多様な生態系連鎖のなかで最も有効なエネルギーと物質の多段活用を考える」循環型自然生態系一般とそのありようが大きくことなる．

人間の体内にとり込まれた水は物質や熱の輸送をつかさどり，20回ほどの循環再利用を経て体外に排出される．体内に存在する水の5％程度の新鮮水が体外から補給される．生体内での熱や物質の移動と分離は，ほとんど生体膜を介しておこなわれ，生物化学反応をともなう場合が多く，高質の生体エネルギーで駆動される．我われは今日，大量生産可能な有機合成機能膜による精密分離技術をわがものにしはじめた．社会工学的にいえば，都市・地域の水代謝技術は，200年にわたり近代社会を支えてきた自然との間の生態学的なプロセスを介しての物質のやり取りに加えて，きたるべき後近代社会では，生体・生理学的ともいうべき機能膜による精密分離を，都市域と自然環境の間の境界制御や，都市域内の高密度空間に導入して多段に質を使う水利用のカスケード化と必要な再生・循環利用の中核技術として使えるようになった．20世紀初頭に急速濾過システムと微生物学的汚水処理システムを水質変換の要として近代上下水道に広く用いるようになってから100年ぶりの新しい基本技術の出現である．

新しい水代謝システムは（水）質回復の容易さとその（水）質利用によって引きだされる価値の大小によって，その目的にその方式で水を使うことの可否を評価しつつ，供給系・排除系そして必要最小限の再循環系を，エネルギー消費率が少なくかつ安定な系として設計されることになろう．水システムのみが突出することはむずかしいが，投資の方向が未来構造を指向していないと，連続的な長期投資を経てはじめて働くに至る公共水システムのような場合には，安易な判断のもとにことがこのまま進むと，耐えがたい困難を近未来に味わうことになる．最低限でも，質を使うことが水利用の本質であることを明示的に扱うシステムにつくり替えはじめなければならない．この

ことについて，筆者が20年ほど前に体系的に提示した（都市・地域水代謝システムの構造と容量―都市用排水系の再評価のための研究（1）―，水道協会雑誌497号，1976年2月，pp.16-34など）[6]考え方は基本的に今日も変わらない．その論文で筆者がはじめて使った「都市の水代謝」という言葉が今日では普通に使われるようになったが，上述したような内容を込め，明確な思想で扱われていないのが残念である．

1.8 新しい都市・地域水代謝システムへの道筋

高活動度・高人口密度地域において，並列水輸送系をもち閉サイクル化を強め，保全領域（自然系）と制御領域（都市系）を明確に区分した水環境圏（水文大循環サイクル上に都市が自律的責任をもつ水代謝空間）を確立し，生態系連鎖のなかでの都市の責任を明確に表現しようとする際の水代謝システム構造の一例を示す（図1.8）．

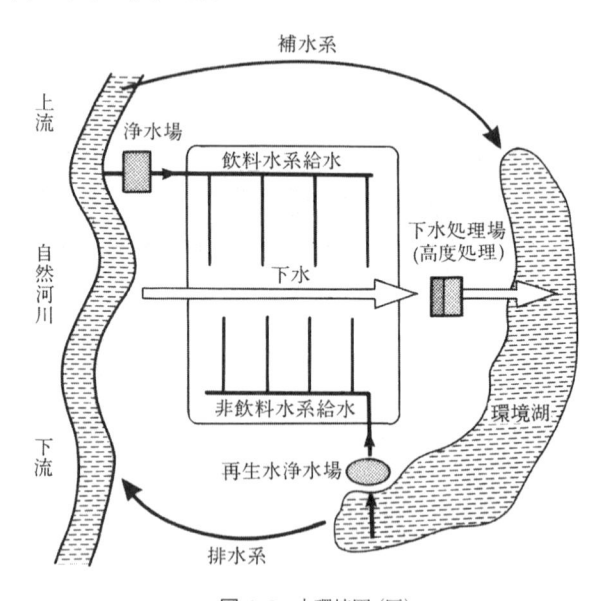

図 1.8 水環境圏（区）

このような水代謝システムの構築目標は，
① 保全すべき水環境と利用しようとする水環境をできるだけ明確に区分し，両環境の接合条件を明確にして，保全環境を良い自然として保ち，
② 制御は自然系と都市系の領域境界上と都市領域内のみでおこない，
③ 制御領域（都市内）では水質の消費が水使用の本質であることを明確に意識し，できるだけ多段の水質利用を心がけ，付加的エネルギー消費を伴う再利用を最小限に止めてきめ細かにおこない，
④ 水代謝に直接関わる領域の無制限な広域化を止め，都市がみずから責任をもてる境界内に代謝構造を局限して，
⑤ 境界内の活動密度の増大を境界外に及ぼさないようにする，

といったものであろう[5,6,12].

都市が流域に連なり，農業との連関をも強めていくであろう21世紀に，このような水環境区を連ねることで，清浄な水を生物（人の飲用源を含む）のために自然水域の全流路にわたり保全し，使用済みの水を高度処理して都市域内の貯水域（環境湖）に流入させ，環境湖を核にして都市は自己の責任で水環境モニタリングと必要な水量変動調整の機能を内蔵し，適宜新鮮水の補給を得つつ環境湖水（再生水）を井戸やパイプ系で都市の非飲用系や農業系に送るといった原型的な水利用が考えられるようになろう．水処理の核は膜プロセスとなろう（図1.8）[6,12].

1.9 農業用水について

世界の多くの農業地帯が灌漑農業による塩害によって滅びたといわれている．古代メソポタミアにはじまり多くの例があげられている．今世紀になって，世界人口が60億人をこえ，増加する人口と生活レベルの高度平準化が世界の向かうところとなり，食料の大量生産のための灌漑用水の不足と，灌漑による農地の塩害が半乾燥地域を中心にさらに広がるおそれがあり，地球温暖化がそれを加速し，また地下水の過剰汲み上げが大きな問題となっている．下水の再生利用の必要が増し，灌漑用水を最少に使うドリップ灌漑法などが試みられはじめている．灌漑用水の経済的使用で，塩害の顕在化に至る

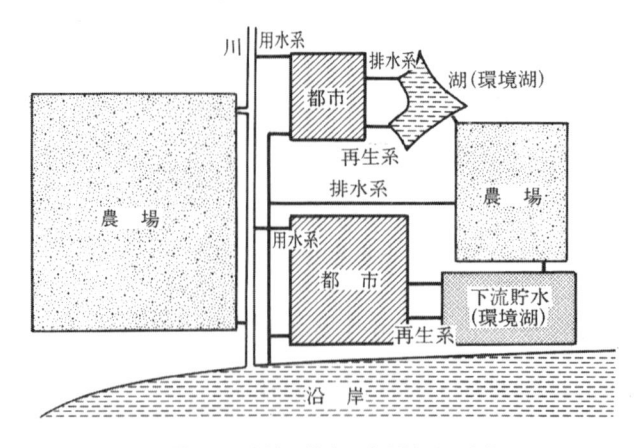

図 1.9 流域の構成；水環境区の連接

時間は延びても，確実に地表の塩濃度は増加し続ける．乾燥地域の畑地灌漑は，塩を常に洗い流し蓄積させることのないモンスーン地帯の水田稲作灌漑の対極にある．太陽熱淡水化水耕栽培を中緯度の乾燥地帯（砂漠）で進めるのも一つの解となろう．水と緑の組み合わせを従来のように易々とおこなうことがむずかしい状況にまで，地球人類は踏み込んできた．

日本では都市の水需要のみが伸びている．そして，河川・湖沼も依然として水質水量の問題を深刻にはらんだままである．農薬の問題と農業用水の都市用水への転換が論じられてきた．日本では水田を減らして，穀類 3000 万トン/年を輸入してパンを食べ食肉を生産している．食糧自給率はカロリー基準で 40 % を割っている．1 トンの穀物の生産に 1000 トンの水がいるということは，穀類の形で毎年 300 億 m^3 の水を輸入していることになる．このような水をグリーンウォーターという．日本の農業用水年間使用量の半分であり，都市用水と工業用水の年間使用量にほぼ等しい．今世紀の半ばには日本の人口が 1 億人にまで減るとしても，価格の高騰や絶対量の不足等で食料供給の困難が予想される 21 世紀の世界で，国民の安全保障のために食料自給率を高めようとすれば，すぐに大きな水資源問題が発生する．都市水代謝システムの自立化と農業系との連携，そして自然保全の三位一体の論議が，水環境圏を自立化させ流域の水文大循環サイクル上へ適切に張り付けるといった形で考えていかなければならないであろう（図 1.9）．将来人口とその分布の

予測，農産物の WTO 論議，エネルギー供給予測，生態系の健全維持，人の安全と便利などを多面的に考えた検討が不可欠である．

参考文献

[1] 丹保憲仁：地球環境制約の時代を迎えて——近代の卒業のために，土木学会誌，88 巻 1 号（2002），p.113
[2] Frits van der Leeden, Fred L. Troise, David K.Todd : The Water Encyclopedia; 2nd edition, Lewis Publishers (1990), p.58
[3] 同上，pp.300-419
[4] 丹保憲仁：近代上下水道は普遍的な環境システムか？，環境情報科学，10 巻 1 号，p.17，昭 56.1
[5] 丹保憲仁：新上質水道論——高密度地域における飲用の安全確保と確率的渇水被害からの離脱のために，北海道大学工学部研究報告，113 号（1983），p.1
[6] 丹保憲仁：都市・地域水代謝システムの構造と容量，水道協会雑誌，497 号（1976），p.16
[7] Earle B. Phelps : Stream Sanitation, John Wiley and Sons Inc. (1944), pp.56–105, 132–187
[8] W. W. Eckenfelder, Jr. and D. J. O'connor : Biological Waste Treatment, Pergamon Press (1961), pp.14–75
[9] Ho Pui Yin : Water for Barren Rock (150 years of water supply in Hong Kong), The Commercial Press (HK) Ltd. (2001)
[10] 日本学術会議：地球環境・人間の生活に関わる農業および森林の多面的な機能の評価について（答申），平 13.11
[11] 丹保憲仁，亀井翼：水処理における処理性評価マトリックス，水道協会雑誌，62 巻 9 号（1993），p.28
[12] Norihito Tanbo : Urban metabolism of water and water environment — Through the history of Sapporo metropolitan area, Civil engineering for urban development and renewal, Proceedings International symposium commemorating 80th anniversary of Japan society of civil engineers (1994), p.117

第2章 水の大循環サイクルと水資源

2.1 地球規模での水循環　26
2.2 世界の降水量分布　28
2.3 乾燥地域, 半乾燥地域の水資源　32
2.4 地球温暖化にともなう地球規模水資源の変動　35
2.5 ヒートアイランド　41
2.6 水資源の水質変化　42

2.1 地球規模での水循環

　地球はその表面積の 74 % が水で覆われている．そのうち，海洋は地球の表面積の 71 % を占め，残り 3 % は湖沼や内海の水面である．さらに，北極，南極やアルプスなどの氷面を加えると，地球はまさに「水惑星」である．

　一方，水量についてみると，地球上の全水量の 97.2 % は海洋にたくわえられている．万年氷，氷河の形での貯蓄量，地下水量がそれぞれ 2.15 %，0.62 % と見積もられており，これらを合わせると 99.97 % になる[1]．大気は，そのなかに貯蓄している水量としては地球上の全量の 0.001 % にすぎないが，そのなかでの活発な動きによって地球規模での水の分配を担っている．また，河川も，その水量は大気蓄積量よりもさらに 1 桁小さいものの，陸域での水の配分の役割を担っている．

　水がその水面から蒸発あるいは水面に凝結するとき，水面での蒸気圧は飽和蒸気圧と呼ばれる．相対湿度 (relative humidity, RH) は大気中の水蒸気圧の飽和蒸気圧に対するパーセンテージとして定義される．したがって，飽和時に相対湿度は 100 % である．飽和蒸気圧は温度のみに依存し，絶対温度とともに指数関数的に増加する．0 °C, 20 °C, 30 °C における飽和蒸気圧は，それぞれ 6, 23, 41 hPa であるが，100 °C で 1 013 hPa（1 気圧）にまで増大するから，温度変化に対して非常に敏感であるといえる．したがって，地上における大気の水蒸気圧の分布は地上気温の分布を反映したものになる．赤道で高く，極域で低い．地上での年平均水蒸気圧は，赤道域で 24 hPa，緯度 60 度では赤道の 1/3 の 8 hPa 程度である．また，夏に高く，冬に低くなる．北半球の場合，同じ緯度 60 度で夏に 12 hPa であるのに対して，冬には 2 hPa に低下する．

　鉛直方向にも水蒸気圧は大きく変化する．対流圏の標準的な大気では，気温は 100 m 高度を増すごとに 0.6 °C 低下するため，圏界面では気温は −56 °C 程度になり，水蒸気圧もほぼゼロになっている．これは，氷の表面での飽和蒸気圧が水面のものよりもさらに低いことにもよる．このことから，大気中の水分の大部分は対流圏中・下層に存在するといえる．

全球的にみて，地上相対湿度 RH は年平均で 70～85 % の幅にある．RH は比較的高く，その幅は比較的狭いといえる．これは地球表面の 3/4 が水面であることによる．

　地上相対湿度の変化の幅は小さいとはいえ，緯度方向に変化する．これは対流圏の南北断面内の循環による．すなわち，熱帯と亜熱帯地域の間にはハドレー循環と呼ばれる南北循環（子午面循環）が形成されている．熱帯地域で強く熱せられた空気が圏界面にまで上昇し，亜熱帯地域に降下する．一方，極域の雪氷面で冷やされて高密度になった大気が温帯地域に流れだすと，それを補償するように極域で下降，温帯で上昇するような子午面循環が形成される．また，この子午面循環とハドレー循環とによって，温帯での上昇気流，亜熱帯での下降気流の間に温帯–亜熱帯間の子午面循環（フェレル循環と呼ばれる）も形成される．その結果，赤道域では強い日射による蒸発のために RH は極大値をとり，また，極域では水蒸気の飽和温度の近くまで冷却されるために，RH は極大になる．

　反対に，亜熱帯では RH は最低値をとる．これは，熱帯，温帯のそれぞれで上昇する空気が極低温の圏界面に到達するまでにほとんどの水蒸気を消失し，これが亜熱帯地域に降下するためである．しかし，この影響はそれほど大きいものではなく，熱帯地域での $RH = 85$ % に対して，亜熱帯では $RH = 71$～75 % 程度である．亜熱帯では，RH は低くなるものの，決して水蒸気が少ないわけではない．気温が

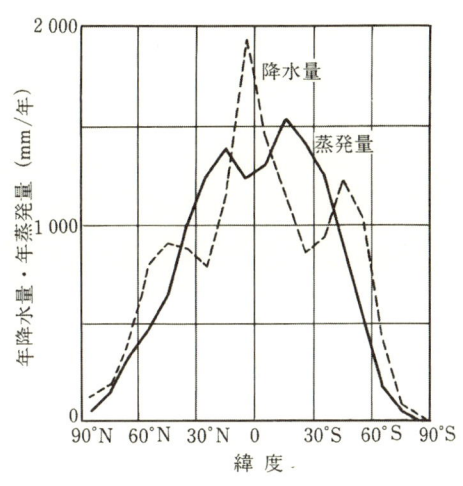

図 2.1　東西方向に平均した年降水量と蒸発量の緯度分布

高いためにむしろ温帯地域より水蒸気を多量に含んでおり，地表での水蒸気圧の緯度分布は熱帯から極域に単調に減少した分布を示す．

　図 2.1 に東西平均した年蒸発量と降水量の緯度分布を示した．降水量は，赤道域での約 2 000 mm から急減して，亜熱帯で極小値 800 mm をとる．低気

圧の活動が活発な中緯度ではいったん増大して緯度45度付近で極大に達し，極域でゼロに近い値にまで減少する．

これに対して，蒸発量の分布は気温分布とほぼ対応している．熱帯地域では貿易風と呼ばれる東風が吹いているが，なかでも強い貿易風の吹く緯度15度付近で蒸発量は最大値をとり，極域に向かって単調に減少する．その結果，亜熱帯では蒸発量が降水量をはるかに上まわることになる．このことは，亜熱帯は，全球的にみて大気にとっての水分の補給源であることを意味し，ここでの蒸発量と降水量の差，すなわち大気に補給された水分が熱帯域と温帯域に運ばれ，両地域で蒸発量を上まわる降水をもたらす．

蒸発した水蒸気の大気中での平均寿命は約9日である．これは，全球平均したときの年降水量が$1\,004\,\mathrm{mm/}$年であること，すなわち日降水量が$0.275\,\mathrm{g/cm^2\cdot}$日 であることと，大気中の水蒸気量が単位面積の気柱あたり$2.47\,\mathrm{g/cm^2}$であることから，$2.47/0.275 \fallingdotseq 9$日のように算出される．この平均寿命は大気が地球を東西方向に1周するのに要する時間とほぼ同じであり，水蒸気は平均的にはグローバルに輸送されていることがわかる．一方，大気中に雲水として存在する水量は単位気柱あたり$0.03\,\mathrm{g/cm^2}$と見積られている．このことは，大気中での水分の99%（$=(2.47-0.03)/2.47$）が水蒸気の形で存在し，いったん水滴や氷粒になった水は2.6時間（$=24\times 0.03/0.275$）で降水となって地表に落下することを意味する．

また，全球の平均降水量が$1\,004\,\mathrm{mm}$であるということは，地球全表面への年間降下量が$5.17\times 10^5\,\mathrm{km^3/}$年（$=4\pi R^2\times 1\,004$，$R$は地球半径$=6\,400\,\mathrm{km}$）であることを意味する．陸地面積は全地球表面積の$1/4$であるから，陸地への降下量は$1.3\times 10^5\,\mathrm{km^3/}$年になる．この水量は，地球表面の淡水湖の水貯蔵量$1.25\times 10^5\,\mathrm{km^3}$を1年間でほぼ1回入れ替える量であり，河川の水量$1.20\times 10^3\,\mathrm{km^3}$を100回入れ替える量である．

2.2 世界の降水量分布

熱帯地域では，貿易風と呼ばれる東風が吹く．この東風は赤道方向に傾いているため，南北両半球の貿易風は赤道上でぶつかる（熱帯収束帯，熱帯低

圧帯という). その結果, 上昇気流を生じ, 高温多湿の空気中に対流雲が形成されて一年を通じて大量の降雨をもたらす. 一方, 温帯地域は, 低緯度からの温かい空気と, 高緯度の冷たい空気がぶつかり (温帯低圧帯と呼ぶ), 激しい対流性の降水が起こる. これに対して, 亜熱帯は, 前述のように乾燥した空気が大規模に下降して南北に発散していく領域 (亜熱帯高圧帯と呼ぶ) で, 雲はできにくく, 降水の頻度と量はともに少ない.

熱帯収束帯と亜熱帯高圧帯にはさまれた緯度帯では, 季節によって熱帯収束帯あるいは亜熱帯高圧帯の影響をうけるため, 明瞭な乾季と雨季があらわれる. また, 温帯低気圧と亜熱帯高気圧の影響をうける緯度帯では, 温帯低気圧の影響をうける冬季に降水量が多くなる.

全球的な大気中の水蒸気量や降水量の分布は, 基本的には緯度方向に変化するが, 同時に大陸と海洋の分布や高地と低地の分布の影響を受けて東西方向にも変化する. **図2.2**に年降水量の分布を示す[2]. 分布は複雑であるが, 各大陸で共通する点も多い. 大陸と海洋の分布の影響は, 大気の大循環と関連してあらわれる. 熱帯での貿易風 (東風), 温帯での偏西風 (西風) を考え, 海洋循環としての海洋東側 (大陸の西岸地域) での極向きの暖流, 西側での寒流を念頭におくと, 気候区として整理できる.

温帯低圧帯では, 緯度線に沿って東西にいくつかの低気圧が形成される. これが海洋上で多量の水蒸気の供給をうけ, 偏西風に乗って東に移動して, 大陸の西側領域では大量の降雨や降雪をもたらす. さらに東進して大陸中央部に達するころには, 水蒸気を消耗しつくして, 乾燥気候 (ゴビ砂漠など) をもたらす. さらに東進して大陸東側領域に達すると, その東側にある海洋からの湿潤空気を巻き込んで再び降水をもたらす.

熱帯収束帯では, 赤道付近で年間を通じて湿潤な気候が形成される. この熱帯湿潤気候区は, 貿易風が海洋から吹き込む大陸東側地域で広い緯度帯にわたって形成される. 赤道を隔てて亜熱帯に近い緯度帯では, 熱帯収束帯と亜熱帯高圧帯の影響が季節により入れ替わるため, 乾季と雨季のあらわれる気候区, いわゆる熱帯乾湿気候区が形成される.

亜熱帯高圧帯は, 水資源や砂漠化問題と関連してとくに重要である. 亜熱帯高圧帯の緯度でもいくつかの高気圧ができて不均一にならぶ. 太平洋高気圧と大西洋高気圧は典型的な高気圧である. 北半球の場合, 大陸東岸地域で

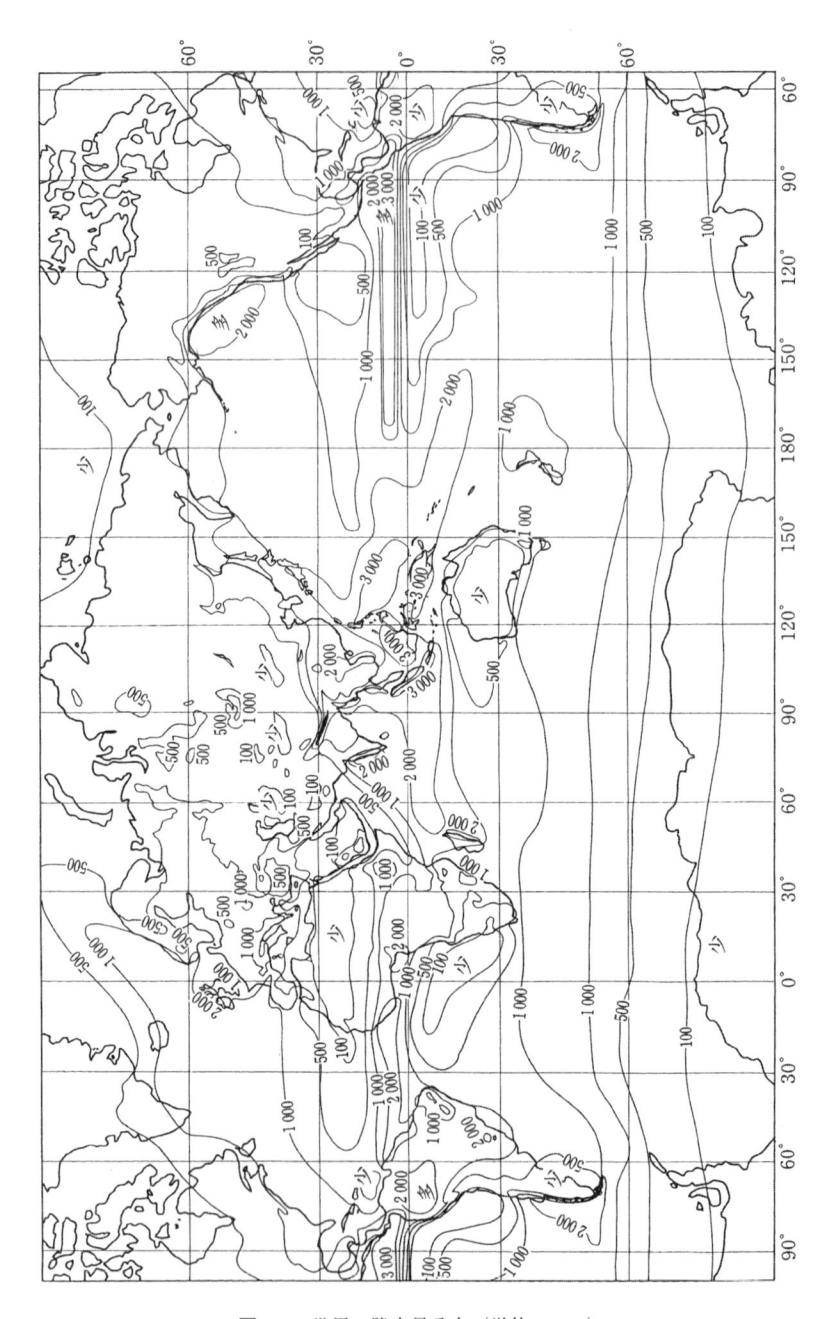

図 2.2 世界の降水量分布 (単位：mm)

は高気圧中心から右まわりに吹きだす風が，この高気圧の西側で北上する暖かい海流上を吹くことになり，加湿されて上陸後に大量の降水をもたらすことになる．中国華南地域や北米フロリダ地域がその典型である．逆に，高気圧の東側，たとえば米国西海岸では，太平洋高気圧から吹きだす風は南下する寒流に沿って吹き，上陸して大陸西側領域で乾燥気候区を形成する．図 2.2 で，大陸の西側から中央部にかけての領域にみられる年降水量 100 mm 以下の広大な地域がこれに対応する．全球的にみると，アフリカ大陸とアジア大陸にまたがる北半球側の亜熱帯乾燥気候は面積的にも，強度的にも強大で，北アフリカからアラビア半島，中央アジアにかけて広大な砂漠を形成している．そして，この亜熱帯乾燥気候区はユーラシア大陸の中央部，中央アジア，中国およびモンゴルにかけて広がる温帯乾燥気候区に連なっている．このほかに，北半球側の亜熱帯乾燥気候区は北米の西海岸地域にもみられる．南半球側では，南アフリカ，南米大陸の西側地域およびオーストラリアの西部から中央部にみられる．

このように，同一緯度帯での東西方向の気候区の変化は大陸と海洋の分布の影響を強くうけるが，同時に大規模な高地と低地の分布の影響をうける．この影響は降水量に顕著にあらわれる．大陸の西側地域に形成される温帯海洋性気候区では，カスケード山脈や，ブリティッシュコロンビア，スカンジナビアおよび南アンデスの山脈の西側斜面に多雪地域を形成する．領域規模での高地と低地の分布の影響としては，アジアモンスーン気候の形成がある．夏にはアジア大陸の中南部に位置するヒマラヤ山脈，チベット高原に向かってインド洋からの高温多湿な南西風が吹き込み，南アジアや東南アジア地域に雨季をもたらす．これが北東インドのチェラプンジで年降水量の世界記録 25 000 mm をつくっている．熱帯の平均降水量の 10 倍以上になる．また，この南西風のアジアモンスーンは，チベット高原の北を流れる乾いて冷たい偏西風と中国中部から日本列島付近で合流する．そのため，南北方向に温度，湿度の大きな勾配をもつ不連続線（梅雨前線）が形成され，梅雨をもたらす．

ヒマラヤからチベット高原にかけての高地は 180 万 km^2 の面積におよび，チベット高原でも平均標高は 5 000 m に近い．この高度で，地面は日射を受けて加熱され，顕熱と潜熱（水蒸気）が対流圏上部の大気に供給されることになる．この熱的な効果は，高地が気流をブロックする機械的な効果（ブロッ

キング）とともに，大気大循環に大きな影響をもっており，水循環に大きな影響をおよぼしている．

2.3 乾燥地域，半乾燥地域の水資源

　亜熱帯高圧帯では，乾燥気候区が形成されている．しかし，気温は高く大気は大量の水蒸気を含んでいる．たとえば，北アフリカからアラビア半島にかけての地域では，年降水量が 50 mm にも満たない砂漠が広範囲に広がっているが，平均気温は 27°C 程度あり，相対湿度は 25～30 % 程度ある．一方，オーストラリアをはじめ，北米，南米および南アフリカの亜熱帯乾燥気候区では，年間 200 mm かそれ以上の降水がある．これはヨーロッパの年降水量 700～800 mm の 1/3～1/4 程度である．相対湿度は年平均しても 50 % 程度あるいはそれ以上ある．同様なことは，ゴビ砂漠やタクラマカン砂漠などの温帯乾燥気候区についてもいえる．このことは，これら乾燥地域あるいは半乾燥地域は，水資源に関して相当高いポテンシャルをもっていることを意味している．

　図 2.3 に空気線図を示した．これは，圧力が 1 気圧の条件下での湿り空気の状態を示している．乾球温度，湿球温度，露点温度，絶対湿度，相対湿度およびエンタルピーのなかのいずれか 2 つの条件があたえられれば，湿り空気の状態が決まり，その特性値のすべてを求めることができる．たとえば，北アフリカの砂漠で気温（乾球温度）が 27°C で相対湿度が 20 % の場合，図 2.3 から水蒸気量（絶対湿度）は 0.0044 kg/kg–air であることがわかる．また，このときの結露する温度（露点温度）は 2°C である．これに対して，オーストラリア砂漠などのように，たとえば年平均で気温が 20°C，相対湿度が 60 % であるとすると，ほぼ 2 倍の 0.0087 kg/kg–air の水蒸気を含んでおり，気温が 8°C 低下するだけで飽和して凝結する．したがって，日中と夜間の気温差が大きな砂漠地域では夜間には飽和かそれに近い状態になっている．低地では降水量が多くなくても，空気が山岳などによって数 100 m 持ち上げられるだけで相当量の降水が見込める．

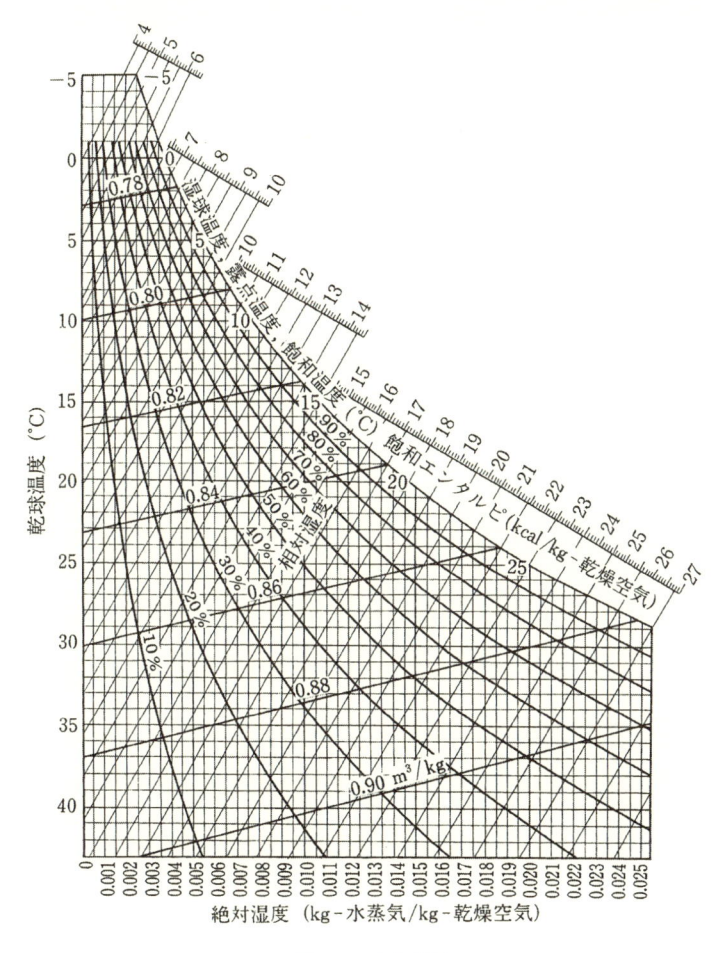

図 2.3 空気線図

　実際,ゴビ砂漠やタクラマカン砂漠の周辺の山岳地域では大量の降水や降雪がある.この水が砂漠の地下を伏流水として流れているので,これを灌漑していかに利用するかが鍵である.最近,膜構造(テント)材料を用いて数100 mの高さの人工の山を乾燥地域に建設するプロジェクトも実施されている.気温や湿度をはじめ雲の生成や発達に関連したパラメターと,テントでつくった人工の山の強度に関連する気象パラメターを各地域について精査す

れば，この方法も水資源確保の有効な手段になることが期待できる．少なくとも飲料水等の確保の手段にはなりうると考えられる．

　砂漠地域では，砂塵を含むストームが頻繁に発生する．このストームの多くは雲生成や降水過程と関連している．最近の研究[3]では，ストームの発生，維持機構はつぎのように考えられている．日中，地面が加熱されて起こる熱対流によって地表付近の空気が上空に持ち上げられると，空気中の水蒸気は凝結して雲をつくる．そのとき放出される潜熱によって空気はますます加熱されて上昇し，対流圏上層まで達する活発な積雲をつくる．このなかでは雲水だけでなく上空では氷晶なども生成されている．大粒子になると雨滴や雪，雹あるいは霰となって落下する．砂漠地帯では，これらは落下途中で蒸発して地表に達しないことが多いが，それらが蒸発する際の蒸発潜熱によって空気を冷やし，代わりに，冷えた空気が降下して地面に達し冷気プールを形成する．この冷気プールは地表面にできた低温の空気の塊である．周囲より5～10°Cも気温が低い．そして，この冷気プールの空気があたかもプールの水があふれるように周囲に流出する．この「冷気外出流」が高速で流出する際に，その先端（前線部）で周囲空気を上空に持ち上げ，そのなかの水蒸気が凝結し，雲ができる．この雲からの降水により，上記の過程がくり返されて，ストームは長時間維持される．冷気外出流が高速で流出する際には砂塵を巻き上げ砂嵐をひき起こす．また，砂塵を含むと冷気外出流はさらに密度を増して高速で周囲に広がっていく．そして，地上風速も増す．

　図2.4は一連のストーム維持機構の数値シミュレーション結果を図示したものである．図の計算は，砂塵の巻き上げは考慮せず，単に降水システムの維持機構に着目した場合で，雲域や，風，温度場とそれにともなって生じる冷気プール，冷気外出流とその先端での強い上昇流域とその長さスケールが示されている．

　このように，砂漠地域でも上空で雲生成や降水は頻繁に発生している．また，いったん雲が形成されると，正のフィードバックでストームが長時間持続することがわかる．このことは，人工降雨が砂漠地域や半砂漠地域での水資源確保の有力な手段になりうることを示している．この際，まず，種まきによって雲を生成させる必要がある．その後は正のフィードバックでストームが長時間維持されるが，そのうえに，降雨が地表にまで達する必要がある．

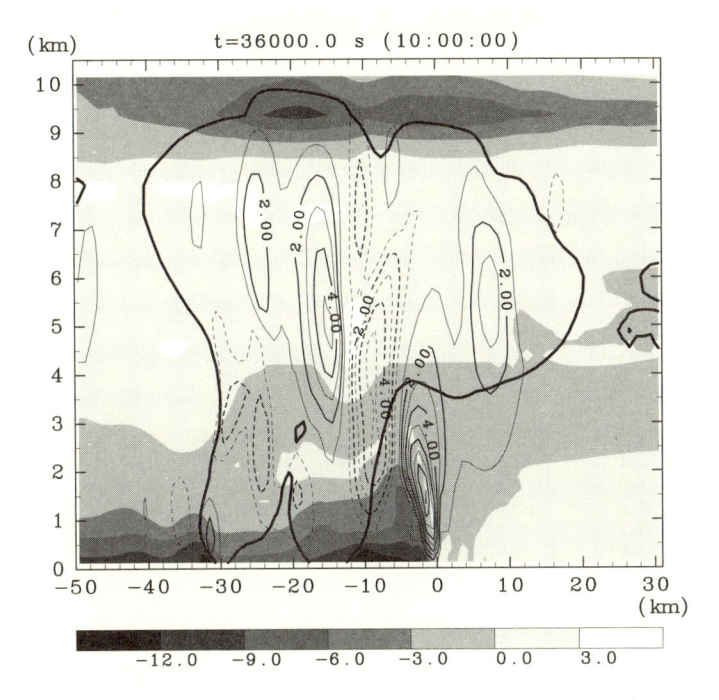

図 2.4 乾燥地域で発生するスコールライン．雲粒，雨滴蒸発にともなう冷気プールの形成と，それに対抗する気流の上昇にともなう雲域の形成により維持されている．下段のバーは温位偏差 (K)，実線内は雲域（水の混合比 0.1 g/kg 以上の領域），コンターは鉛直流の強さ (m/s)

これまでは，ロシアや中国で人工降雨の実験が多数おこなわれてきた．今後，持続的な地上降雨の得られる気象条件を遠隔計測手法などで検知し，機能性材料などまかれる種粒子の改良，種まきの方法などの開発をおこなって，人工降雨を実用化していく必要がある．

2.4 地球温暖化にともなう地球規模水資源の変動

産業革命以降，地球の平均地上気温は上昇を続け，20 世紀中に 0.6°C 上昇した．データのそろった北半球についてみると，20 世紀は過去 1000 年のどの世紀よりも高温であり，とくに 1990 年代の 10 年間は過去最高温度であった．それにともなって，積雪面積は 1960 年代後半以降約 10 % 減少し，北半

球の春と夏の海氷面積は 1950 年代以降 10〜15 % 減少した．晩夏から初秋にかけての北極の海氷の厚さも 40 % 減少したとされている．また，地球の平均海面水位は 0.1〜0.2 m 上昇した．

降水量は，北半球の中，高緯度の陸域の大部分において，20 世紀中に 5〜10 % 増加した．熱帯（北緯 10 度から南緯 10 度）の陸域においても 2〜3 % 増加した．逆に，北半球の亜熱帯（北緯 10 度から 30 度）の陸域の大部分で 3 % 減少したとされている．実際，20 世紀において，厳しい干ばつあるいは激しい大雨の発生はわずかに増加している．とくに，ここ数 10 年間，アジアやアフリカの一部地域で干ばつの発現頻度と厳しさが増したとされている．

それでは，地球温暖化とそれにともなう水資源変化は 21 世紀の 100 年でどのように推移するのであろうか．1988 年，カナダ政府主催の「変化しつつある大気圏に関する国際会議」以来，地球温暖化問題は国際政治の場にとりあげられ「気候変動に関する政府間パネル Intergovernmental Panel on Climate Change, IPCC」が設けられた．IPCC では，気候変動の科学的知見の評価をはじめ，経済的・社会的側面の評価，温暖化の影響，適応策および緩和策の策定作業がおこなわれている．その成果は，1990 年，1995 年に続き，2000 年の IPCC 第 3 次評価報告にまとめられている．水資源に関連する部分は以下のとおりである[4]．

まず，地球の平均地上気温は，1990 年から 2100 年までの間に 1.4〜5.8 °C の範囲（中間値 3.0 °C）で上昇すると予測されている．気温上昇は，地球温暖化をもたらす温室効果ガスと地球寒冷化に寄与する大気エアロゾルの排出量シナリオによって変わるが，ここに示された温暖化予測の幅は IPCC のすべての排出シナリオによる予測範囲の幅である．

ほとんどすべての陸域で地球の平均よりも早く気温が上昇する．気温上昇は高緯度ほど大きく，季節的には冬に大きい．これは，温暖化によって雪や海氷面積が減少して日射の吸収量が増すことと，海洋表層にたくわえられた熱が冬季の海氷厚さを減らし，温かい（温度が 0 °C 以上）海水の熱が海氷層を通して大量に大気に供給されるためである．とくに，北アメリカとアジア大陸の北部での温暖化が顕著で，これらの地域では，地球の平均よりも 40 % 以上の大幅な温暖化が予測されている．

2.4 地球温暖化にともなう地球規模水資源の変動 / 37

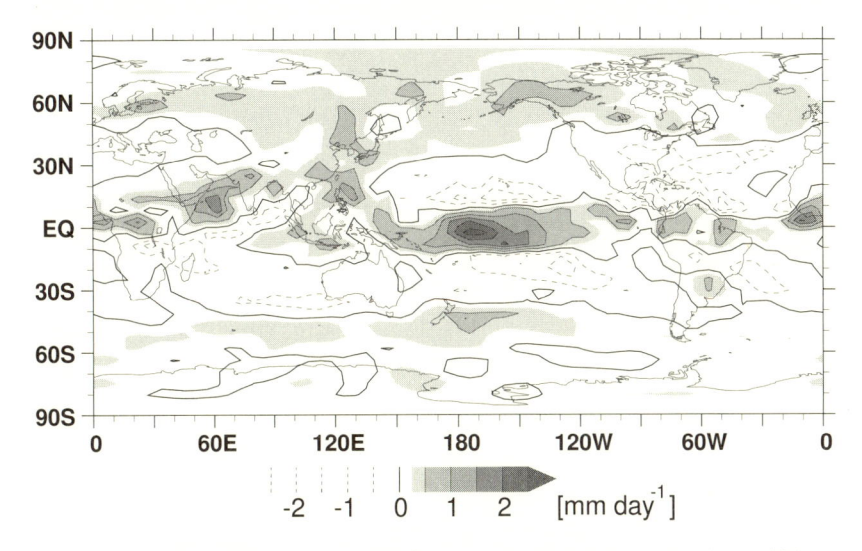

図 2.5 CO_2 濃度が 1%/年（複利），エアロゾルが IS92a シナリオとした漸増気候実験による年平均降水量の変化．CO_2 がほぼ倍増になる 2065 年を中心とする前後 50 年間の平均降水量と現状の降水量との差 [5]

　降水量も，地球全体として増加する．これは，温度上昇により蒸発量が増加し，大気中の水蒸気量が増大することに対応して起こる．気候モデルによる予測結果の差は大きいが，降水量の増加は 5～10 % であるとされている．
　地球温暖化は，地球全体の降水量を変化させるばかりではなく，降水量の地域的な分布の変化や，降水強度，季節パターンの変化をもたらすことが予想されている．図 2.5 に降水量の変動の地域的な分布の一例を示す [5]．
　熱帯湿潤気候区では，今後，降水量はさらに増加すると予測されている．また，この対流活動によって南北循環（ハドレー循環）が強化され，亜熱帯では南北循環により乾燥した空気が降下してくるため雨量はやや減少する．
　中緯度地域では，食物生産を担っている温暖多雨地域が砂漠をかかえる乾燥地域に近接しており，この境界が南北に少しでも移動すると，水資源にとって重大な影響をおよぼす．中，高緯度では，現在の多雨帯（緯度 50 度）より高緯度の側での降水量増加が大きくなる．
　温暖化にともなって地域的な異常気候の頻度や強度をも増大させることが，最近の研究で明らかにされつつある．気温の上昇によって対流活動が活発化するため，集中的な強い降水現象が中緯度から高緯度の陸域で多発する．そ

れだけでなく，全球的に多くの地域で豪雨の発生する可能性が増大する．とくに，台風などの熱帯低気圧については，その最大風速と降水量が増大することが指摘されている．一方，夏の干ばつが中緯度の大陸中央部で頻発する可能性も指摘されている．

エルニーニョ南方振動 (El Niño-southern oscillation, ENSO) は，東太平洋の南米ペルー沖に通常形成されている冷水水域が数年に一度，西太平洋フィリピン沖に移動し，逆にペルー沖の海水温が上昇する現象である．このため，通常は赤道域の西太平洋上に形成されている巨大積雲が東方の中部，東部太平洋上に形成され，インドネシアをはじめ東南アジアでは極度の乾燥が続く．これは，地球規模の気候に影響をおよぼし，熱帯や亜熱帯の多くの地域に気温と降水の変動をもたらす．また，中緯度の一部にも異常気象をもたらす．1970年半ばから現在までいちじるしく高温化が進んでいるが，この期間にENSOの発生頻度や持続時間，強度は増大している．気候モデルによると，このENSO強度は今後100年間微増を続け，ENSOに伴って生じる干ばつや豪雨はさらに強まるものと考えられる．

アジアモンスーンは，5月から9月末にかけてインド洋からの湿った気流がヒマラヤ山脈，チベット高原から中国におよぶ季節風で，その地域に雨季をもたらす．中国，日本には梅雨をもたらす．地球温暖化にともなって雨季の長さや強度がどのように変化するかは不明であるが，モンスーン期間中の降水量の変動（季節内変動という）が増大し，期間中，豪雨と少雨の強さが大きく変動すると予想されている．

河川の流量や土壌水分量は，降水量と蒸発量との「差」によって決まる．これが洪水の発生頻度や水資源量を決める．温暖化にともなって，蒸発量は緯度方向にはほぼ一様に増加すると考えられるから，降水量と蒸発量との「差」を決めるのはおもに降水量変化である．

熱帯湿潤気候区と緯度60度付近の緯度帯では，地球温暖化にともなって土壌の湿潤化と河川流出量の増大がともに起こり，洪水の危険も増すと考えられる．亜熱帯から中緯度にかけての地域では，乾燥化が進む．乾燥気候区は全体としてやや高緯度側に移り，それにともなって隣接する熱帯多雨地域の緯度帯の幅が増大し，同時に温帯多雨地域がさらに高緯度側にずれることが予想される．

地球温暖化にともなう河川流量や土壌水分の変化については，最近，真鍋により詳細な研究[6]がおこなわれている．真鍋は地球温暖化を世界ではじめて予見した科学者である．最近の大気，海洋，陸面を結合した大循環モデルを用いた詳細な研究によると，全球的な蒸発量と降水量はそれぞれ5％強増大し，河川流量は平均7％増える．しかし，地域的にみると，河川流量の増加は高緯度でとくに大きくなる．シベリアやカナダ等で北極海などに流れ込むレニエ川，オビ川，エニセイ川，マッケンジー川などの流量の増加は10～20％にもなると予想される．

　熱帯地域でも，アマゾン河やガンジス河等では流量の増加が10～15％に達して，洪水が頻繁に起こる可能性が高くなる．逆に，ナイル川，メコン川，ミシシッピー川では河川流量の10％程度の減少が予測されている．

　また，土壌水分は，北半球の中，高緯度で増加し，夏減少し，冬増加する．反対に，亜熱帯乾燥地域では，ほとんど一年中減少して，砂漠が広がると予測されている．

　地球温暖化を担っているガスは，水蒸気，二酸化炭素，メタン，ハロカーボン，一酸化二窒素（亜酸化窒素）などである．水蒸気は温暖化効果の最も大きなガスである．蒸発量は気温変化にともなって大きく変化するため，他のガスによる温暖化にともなって，同時に水蒸気による温暖化も進む．したがって，水蒸気以外のガスを温室効果ガスと呼び，温室効果ガスによる温暖化効果は水蒸気によるものを合算したものとして見積られる．温室効果ガスのうち，二酸化炭素は地球温暖化の57％の寄与を持ち，メタン，ハロカーボン，一酸化二窒素がそれぞれ18％，12％，5％寄与している．このほかに，対流圏オゾンの増加が13％の温室効果をもち，逆に，オゾン層破壊による成層圏オゾンの減少が負（寒冷化）の方向に5％寄与しているとされている．

　最近の研究で，対流圏エアロゾルの寄与が非常に大きいことがわかってきた．これは直接的影響と間接的影響に分けられる．直接的影響は，太陽光や地表からの熱放射エネルギーに対する，エアロゾルの反射，吸収および散乱効果で，これはエアロゾルの粒径，形状や化学組成などの光学的特性に依存する．化石燃料等からの硫酸塩エアロゾルやバイオマスからの有機エアロゾルは負の放射強制力をもち，「燃焼すす」は正の寄与をもつ．間接的影響は，エアロゾルが雲の生成や種類あるいは分布を変化させる効果で，結果として

雲による太陽光の反射率を増大させて寒冷化をまねく．これらを合わせるとエアロゾルは寒冷化にはたらき，その効果は二酸化炭素単独の温暖化効果を相殺する程度に大きいと推測されている．しかし，温室効果ガスの寿命は数10〜100年であるのに対して，エアロゾルの大気中での滞留時間は数週間程度であるため，その気候影響は大陸規模で異なる．とくに，エアロゾル増加の大きな東アジア地域では，エアロゾルの寒冷化効果が温室効果ガスの温暖化を相殺する以上にはたらく可能性をもっているとの指摘もある．

　IPCC の 21 世紀の予測[4]には，このエアロゾルの寒冷化効果も考慮したモデルが用いられている．その妥当性は，過去 100 年余りの全球地上気温の変動や火山噴火以降数年間の気候回復およびエルニーニョによる気候変動などの観測データにより検証されてきた．しかし，温室効果ガスに比べて，エアロゾル効果の見積りの信頼性はいちじるしく低いため，降水量変化の予測も不確実性が大きい．したがって，降水量の分布や土壌水分量の変動予測については，気候モデル間の差が大きく，地域差も大きい．

　以上のように，温室効果ガスやエアロゾルの濃度増加にともなう水資源の予測精度は充分であるとはいいがたい．しかし，温室効果ガスの排出削減対策はできるだけ早期に実施する必要がある．これは，たとえ温室効果ガスを削減したとしても，それらの濃度や気温上昇が落ち着くのに数10〜数100年かかるためである．たとえば，二酸化炭素濃度を現状より 100 ppm 高い 450 ppm の値に安定化させるためには，人為起源の排出量を 1990 年の排出レベルに数 10 年間維持したうえで，その後着実に減少させ続ける必要がある．地上気温についても，今後 100 年間で数 °C 上昇するとして，温室効果ガスの濃度が安定化した後も 100 年あたり 0.2〜0.3 °C の割合で上昇を続ける．海面上昇はさらに 300〜400 年続くと考えられる．このことは，同時に，地球規模での水資源変化の応答も遅く，その変化が温室効果ガスの排出削減後も長期にわたって続くことを意味している．

　したがって，気候モデルには不備はあるものの，東アジアや日本の領域について，モデルを用いたきめ細かい予測をおこない，100 年先をみすえた対策を実施していく必要がある．洪水対策や農業，林業を含めた水資源対策にも長時間を要するためである．

2.5 ヒートアイランド

　地表面改変や人工排熱，温室効果などの諸要因は，都市域の熱収支や水収支を変化させ，結果的に都市の高温化をまねく．高温化した都市上空を覆う大気塊をヒートアイランドと呼ぶ．高温化の要因のうち，まず，地表面改変は，裸地，植被面積の減少，それに代わる建物，舗装面積の増大などである．これは，地表面での熱的特性を変化させる．すなわち，地表面の熱容量や熱伝導特性と，透水性や蒸発散率などの蒸発冷却特性，さらに反射，吸収，射出などの放射特性を変化させる．さらに建物の高密度化，高層化は，地表面の見かけの起伏を増大させ，流体力学的抵抗を増大させる．また，建物群落の内部，いわゆる都市キャノピー層内部の風速，拡散能の低下をもたらす．

　人工排熱が都市高温化をまねくのは自明である．人工排熱量は，単位面積あたりの排熱フラックスと排出面積の積であるが，これらはともに増大している．とくに，メガシティでの人工熱のフラックスは太陽からの自然熱の供給に匹敵する．さらに大気汚染の進行にともなって，SO_2，NO_2 などのガス状物質の濃度増加が温暖化効果をもち，逆に，大気エアロゾルは日射を散乱，吸収して，日射の減少をまねく．また，大気エアロゾルは霧，雲の凝結核としてはたらき，都市の風下側の降水量の増加をまねく．

　このような諸々の要因が複合して，結果的には都市の高温化をまねき，都市特有の気流場，ヒートアイランドを形成している．

　ヒートアイランドによる高温化の一般的な特徴は，夜間＞日中，冬期＞夏期，晴天日＞曇天日，弱風時＞強風時，である．河村[7]は，冬期晴天弱風日，東京とその周辺地域における地上気温分布の観測をおこない，都市内外の気温差は深夜午前3時に最大10°Cに達することを報告している．小さな都市でも夜間2～5°Cの気温上昇がみられる．

　このヒートアイランド現象に地球温暖化の効果が加わると，都市昇温はさらに大きくなる．東京でも40°Cをこえる高温がもたらされることが予測されている．また，アスファルトなどにともなう地表面改変は，地球温暖化にともなう豪雨発生の増加と相まって，都市豪雨の発生頻度の増大をうながす

ことが懸念されている．

2.6 水資源の水質変化

人類の生産活動の拡大は，さまざまな規模での大気汚染をひき起こし，これが水資源の質の悪化をまねいていると考えられる．いまや，大気汚染は局所的な規模からメゾ，リージョナル規模，さらには地球規模に拡大している．大気汚染物質は長時間，長距離輸送されるうちに反応，変質して，光化学オキシダント汚染，二次粒子汚染，酸性雨など，さまざまな形態の大気汚染をひき起こす．水資源の質との関連で重要な問題は，酸性物質の地表への降下の問題である．酸性物質の降下としては，雨や雪，霧などの形での沈着と，酸性のガスや粒子の地表物への直接沈着あるいは付着がある．前者を湿性沈着，後者を乾性沈着といい，欧米やわが国ではこれらの量はほぼ拮抗している．すなわち，水資源の質の悪化は，酸性物質が雨だけでなく，ガスや粒子の乾性沈着によってもたらされる．

大気汚染物質の輸送は，数 100 km から数 1000 km にもおよぶ．ここでは，日本中央部を例にとって水質の悪化をみてみよう．日本中央部では，夏季の日中，海陸風や山谷風などの局地風と，中部山岳地域に形成される熱的低気圧と呼ばれる低気圧に吹き込む風が合体して，臨海地域から中部山岳地域におよぶ大規模な風が吹く．東京湾や伊勢湾，日本海沿岸部の工業地帯や大都市から排出された大量の汚染物質は，夜間陸風時に海上に集積されて汚染気塊を形成し，翌日海風時に再上陸して沿岸部の大規模発生源上空を通過して中部山岳地帯の内部に侵入する．その結果，高濃度の酸性物質を含む汚染物質が 100 km 以上輸送されて中部山岳地域に流れ込む．

大気汚染や酸性雨によってもたらされる水資源の質の悪化は，中部山岳地域の上流域の河川や湖沼に明瞭にあらわれている[8]．公共用水域における水質モニタリングデータによると，長野県下では，犀川源流部，姫川，青木湖におけるpHの年平均値がこの 10 年間で 0.4～0.6 低下し，犀川上流部，天竜川上流部では 0.2～0.3 低下している．冬季のpHの低下はもっと大きく，犀川源流部，姫川では 10 年間で 0.5～0.7，天竜川上流部，犀川上流部，木崎湖

では0.3～0.4であった．pHの減少傾向の最も顕著な地点では，pH値が7以下になる頻度が増加しつつある．冬季のpHの低下は，中国や朝鮮半島からの汚染物質の流入によるところが大きい[9]．

河川，湖沼の酸性化は，ある臨界値をこえると急激に進行する．これはアルカリ成分による緩衝効果がなくなることによって起こるもので，北欧で経験したことである．酸性雨による土壌の酸性化も同様である．土壌が酸性化すると，酸性の土壌水は栄養塩を流出させる．また，土壌バクテリアなどの減少をもたらし，それによる有機物の分解や大気中窒素の固定化速度を低下させて，土壌の生産能を減退させる．さらに，金属イオンの溶出をうながす．とくにアルミニウムイオンは植物の根伸長をいちじるしく阻害し，根圏の発達を妨げる[10]．これらの結果として，農作物の減収や森林枯損が起きる．このような事態は中部ヨーロッパや中国南部，北米大陸東部でみられ，深刻な問題になっている．また，降雨や大気汚染による建物や文化遺産の破損が懸念されている．

河川や湖沼の酸性化の影響として，pH 7以下になると鮭の生殖行動の変化があらわれはじめ，pH 4.5ではほとんどの魚類の生殖機能が失われるとされている．中部山岳地域のいくつかの河川上流域でpH 7以下が記録されており，魚類への影響が懸念される．また，これらが河川下流域での水資源の質の低下をまねいている．

参考文献

[1] 武田喬男：水循環の科学―雲の群れのふるまい―，東京堂出版 (1987), pp.3-17
[2] 理科年表，東京天文台編，丸善 (1990), p.303
[3] Takemi, T. and T. Satomura : Numerical experiments on the mechanisms for the development and maintenance of long-lived squall lines in dry environments, J. Atmos. Sci., Vol.57, No.11 (2000), pp.1718-1740
[4] IPCC WG I : Summary for Policymaker — A Report of Working Group I of the Intergovernmental Panel on Climate Change —, (2000), pp.1-20
[5] Emori, T., A. Nozawa, Abe-Ouch, A., A. Numaguchi, M. Kimoto, and T. Nakajima : Coupled ocean-atmosphere model experiments of future climate change with an explicit representation of sulfate aerosol scattering, J. Meteorol. Soc. Japan, Vol.77, No.6 (1999), pp.1299-1307
[6] 真鍋淑郎：温暖化と水資源，2001年水資源学シンポジウム「国連水の日―人

間活動と水資源─」, (2001), pp.1-2
〔7〕 河村武：気象研究ノート, No.133 (1977), pp.26-47, pp.48-60
〔8〕 栗田秀實, 堀順一, 望月博子, 浜田安雄, 植田洋匡：中部山岳地域河川上流域における河川・湖沼 pH の経年的低下と酸性雨の関係について, 大気汚染学会誌, Vol.28, No.5 (1993), pp.308-315
〔9〕 Carmichael, G. R., G. Calori, H. Hayami, I. Uno, S. Y. Cho, M. Engardt, S.-B. Kim, Y. Ichikawa, Y. Ikeda, j-H. Woo, H. Ueda, and M. Amann : The MICS-Asia study: model intercomparison of long-range transport and sulfur deposition in East Asia, *Atmospheric Environment*, Vol.36 (2002), pp.175-199
〔10〕 高津章子, 角田欣一：酸性雨研究と環境試料分析, 佐竹研一編, 愛智出版 (2000), pp.92-106

第3章 森林と水資源

3.1 はじめに 46
3.2 森林の循環システム 46
3.3 森林の利用と水文環境 48
3.4 森林地からの流出のプロセス 50
 3.4.1 蒸発散 50
 3.4.2 浸透,流出過程 51
3.5 森林地での流出特性 53
3.6 水源涵養機能 55
 3.6.1 流出量の増加問題（森林の蒸発散量問題） 55
 3.6.2 森林が流出の持続性にあたえる影響（流量の平準化問題） 57
 3.6.3 森林の水源涵養機能の評価 59
3.7 森林による水質保全 61
 3.7.1 流出水質の形成 62
3.8 森林による熱環境の保全 65
 3.8.1 森林の水・エネルギー収支 65
 3.8.2 気象緩和機能 66
3.9 森林と流域管理 67

3.1 はじめに

日本では,古くから,森林には洪水緩和や水源涵養機能があるといわれている.しかし,森林は自然条件の下で森林生態系として,水循環,熱循環,物質循環にかかわっており,単純に洪水緩和や水源涵養機能だけをとりあげるのではなく,総合された水－熱－物質循環系のなかで理解することが重要である.また,近年地球的規模での森林破壊による気候変動が問題になるなど,広域的な森林の機能の重要性が高まっている.これについては,まだまだ研究の発展段階であり,水文循環にかかわる森林の影響は,地球的な広いスケールで長期にわたる研究にもとづいた理解が必要とされている.

さらに重要なことは,森林生態系は,非生物的な環境（気候,地質,あるいは地形などの地理的・地域的な環境要因）によって成立していると同時に,それ自身で森林の生育に適した良好な環境をつくりだして,安定した循環系を維持している.つまり,森林は,もともと,個々の地理的・地域的環境を基盤とした多様な森林環境を形成していることを理解しておくことが大切であり,森林と水資源の問題もまた,個々の地域性を考えた森林との関係において考える必要がある.

また,流域において森林域は,水源地域,つまり最上流部に位置し,中流域,および下流域での人間活動における水利用の制約的な要因となるので,森林域における水循環については,とくに十分な理解が必要である.

3.2 森林の循環システム

森林は,生物の生存にとって非常に良好な環境を形成している.これは,図3.1 に示すように,森林生態系として生物界の物質循環がうまくおこなわれているからである.森林生態系の循環は,樹木が二酸化炭素と水を太陽エネルギーによって炭水化物に固定することからはじまる.光合成による炭酸同化が,森林の循環におけるエネルギー,物質両方の基盤となる.炭水化物は,地下の根から吸収された窒素や燐,ミネラルなどと細胞内で生じる生化学変

化によってタンパク質や核酸などの合成に用いられ，植物体を形成していく．植物体は，動物や細菌，菌類などによって消費，分解されていくが，それにともなって炭酸ガスと熱を外部に放出する．森林における循環は生物体の連鎖，つまり生命の循環ともいえる．そして最終的に，二酸化炭素，水，窒素，およびミネラルという最初の状態にもどり，物質循環系ができているのである．

さらに，森林で重要なのは，表面的にめだつ樹木だけではない．森林生態系の基盤は，森林－土壌－水のシステムであり，森林は水循環と土壌の形成に深く関係している．

森林は，太陽熱による蒸散によって地圏から大気圏への水循環をおこなうとともに，有機物の分解物と無機物の混合した森林土壌を形成することによって，物質循環の安定的な基盤をつくっている．蒸散は，とくに熱環境への影響として気象現象，あるいは広域的な気候変化にまで大きく関係する．森林土壌は，雨水が河川へ流出する経路やその水量，および水質を決定し，洪水，渇水，水源涵養，水質形成に大きな影響をあたえている．そのため，この森林土壌を大きく変化させるような森林の開発は，直接，水循環に影響をあたえることになる．

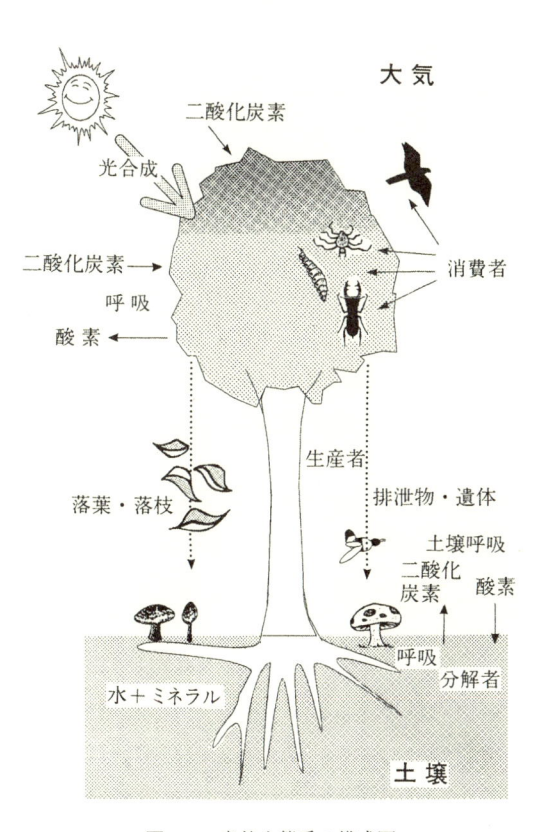

図 3.1 森林生態系の模式図

3.3 森林の利用と水文環境

　日本では，古代から，生活の資源を森林に依拠し，燃料，建築材としての利用はもとより，落葉，落枝，下草などを肥料，飼料として利用していた．とくに水田農業では，水と肥料を森林山地（里山）に依拠していた．物質循環の限界をこえない範囲での森林資源の利用は，森林を荒廃させない．しかし，過去，多くの都市近郊の森林地では，林木はもとより落葉・落枝，草本，根など根こそぎ森林を利用した結果，森林土壌の流亡をもたらし，基岩の露出した多数のハゲ山（裸地）を生じていた．江戸時代には，森林資源は枯渇し，都市の成長，人口増加，耕地開発などにより，森林利用は過剰となり，荒廃した山地から土砂流出，洪水氾濫による災害が頻発した．そのため，治山治水の基本は，荒廃山地の緑化保全にあるとして，森林伐採の制限や植栽事業をおこなった．これが保安林の基本思想であり，現在でも日本の全保安林面積は全森林面積の 30 %，全国土面積の 20 %を占める．とくに，水源涵養保安林は，全保安林の 70 %以上で，土砂流出防備保安林と土砂崩壊防備保安林を加えると 96 %となる．

　森林保全と森林生産物利用との関係は，森林生産物の過剰な利用が森林荒廃をまねき，その結果，森林生産物が少なくなるので，相対的に過剰な利用が加速されるという悪循環となり，多くの国では破局的な森林荒廃が起きている．

　しかし，日本の江戸時代では，森林資源の利用は増大したが，畿内と濃尾，瀬戸内沿岸部を除いて，破局的な森林生態系の衰退（ハゲ山）は起こらず，森林伐採の増加が鈍り，安定した森林利用がおこなわれた[1]．この理由として多くの要因が考えられており，伐採制限，人力伐採技術による生産力の限界，育成林業技術の発展，土地定着による土地の持続的利用，飢饉，災害による生産不適地の人口減少，有機肥料としての海産物の利用拡大，ヤギやヒツジの放牧がなかったことなど，があげられている．この結果，森林資源の最大でぎりぎりの安定的利用がおこなわれたといわれている[1]．つまり，社会経済，思想，資源制約，および技術開発等の多様な要因が複合して，全国的な森林収奪による土地劣化としてのハゲ山化に全面的に移行しなかったと考えら

3.3 森林の利用と水文環境

れる．このことは，21世紀の循環型社会を考えるうえで，重要な意味がある．

しかし，第二次世界大戦と敗戦後の復興期では，再び森林資源は略奪され，昭和30年以前では，都市近郊や集落周辺のハゲ山は数多くあり，洪水や土砂災害は頻繁に起こっていた．西日本に多くみられたハゲ山に緑がもどったのは，化学肥料への転換，石油エネルギーへの転換，外材の輸入，皆伐面積の減少などによる森林資源への圧力が少なくなったここ40年あまりと考えてよい．この森林資源代替物への転換による日本山地の森林化によって，表層崩壊や表面浸食は減少し，洪水緩和の機能も向上した．しかし，これには，自国の森林資源を循環的に利用することができていない日本林業の問題，海外の森林資源の輸入という二つの互いに関係した深刻な問題がある．外材輸入による木材の価格低迷によって，日本の林業は，森林の育成や森林の管理をおこなうに十分な伐採収入を得ることができない．そのために，伐採後に植林しないで放置されたままの森林地，樹木の生長不良林地，土壌浸食，水質悪化などが問題となっている．また，海外からの森林資源の輸入は，水の輸入であるという，いわゆるグリーンウォーターの問題もある．

また，現在，世界的には，多くの資源を森林に求めている地域での森林破壊は，土壌流亡をもたらし，表面流の発生による洪水流量の増大，河川水の濁度の増加，熱環境の変化など，水文環境をいちじるしく悪化させ，深刻な問題となっている．

表 3.1 森林変化が水循環過程にあたえる影響（スギ人工林を対象とする）[2]

地表被害の種類	α	R_n	H	λE	i	S	RO_s	RO_i	W_N	W_{pH}
森林	*	*	*	*	*	*	*	*	*	*
択伐・除伐・間伐	−	+	0	−	0	0	0	0	0	0
皆伐（地表攪乱なし）	+	−	+	−	0	0	0	+	+	0
皆伐（地表攪乱あり）	+	−	+	−	−	−	−	+	−	++	−
草地への変化	+	−	+	−	−	−	−	+	−	+	−
耕地への変化	+	−	+	−	−	−	−	+	−	+	−
裸地への変化	++	−−	+	−−	−−	−	++	−−	++	−
宅地への変化	+	−	++	−−	−−	−−	++	−−	0

（注）α：アルベド（地表面からの日射の反射率），R_n：純放射，H：顕熱フラックス，λE：潜熱フラックス，i：浸透能，S：土壌保水能，RO_s：地表流，RO_i：地層土内飽和側流，W_N：流出水のN含有量，W_{pH}：流出水のpH値，＊：基準，0：変化なし，＋：増加，−：減少，＋＋：いちじるしく増加，−−：いちじるしく減少

そこで，森林の変化が水循環にあたえる影響を表3.1に示す．表3.1をみると，森林の変化は，熱環境と水環境とに大きな変化をもたらすが，最も大きな変化は，森林土壌が消失することによって生じていることがわかる．このような森林の変化が水循環にあたえる影響を理解するには，まず，森林地での降雨から河川への流出のプロセスを知っておく必要がある．

3.4 森林地からの流出のプロセス

降雨−流出のプロセスは，水循環を構成する要素の総体として整理され，要素として，蒸発散，浸透，流出（側方流出，地表流出，地下水流出）がある．

3.4.1 蒸発散

蒸発散は，蒸発と蒸散の現象をいい，降雨水の遮断蒸発，葉面等からの蒸散，および林床面（森林地表面）からの蒸発の現象がある．降雨は，森林植生の枝葉等によって貯留（これを遮断という）され，大気へ蒸発するので，土壌面へ到達する降雨量が減少する．森林地での遮断によって土壌層へは，樹冠（葉が茂っている部分）を通過する雨量，枝葉から滴下する雨量，および樹幹をつたわって流下する雨量（これらを合わせて林内雨量という）が「正味の降雨量」として到達する．

森林植生は，光合成に伴う蒸散作用によって，葉面から地中の水分を蒸発させ，流出する成分が減少する．森林地では，日射，大気放射とも下層への入射は減衰するので，蒸発散に占める林床面蒸発の割合は比較的少ない．

降雨後の土壌中の地表付近の水分量は，蒸発散によって減少する．水分量が減少すると，水移動に対する抵抗が増大し，地下水面などから供給される水分が減少し，蒸発散量が減る．さらに土壌の乾燥が進むと，植生の活動も衰え，蒸散作用も休止するといわれている．

日本における森林の蒸発散量の年間の変化を図3.2に示す．森林からの蒸発散量は，浅い水面（水深が1m未満の貯水池，水田，湿地など）からの蒸発量の約1.3倍にもなる[3]．また，遮断蒸発量（遮断され貯留された水分が蒸発する量）が森林の総蒸発散量の30〜50%を占め，遮断蒸発が大きいこと

を示している．この森林の蒸発散量は，森林からの流出の「量」の減少（流出率減少）に影響をあたえる最大の水文成分である．

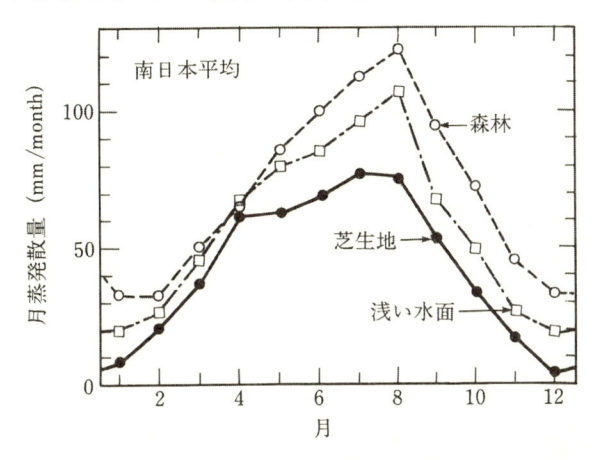

図 3.2 南日本（名古屋，甲府，銚子から高知，足摺，名瀬までの 30 地点平均）における蒸発散量の季節変化[3]

3.4.2 浸透，流出過程

森林土壌をもつ斜面土層における降雨流出の概念的なモデルを**図 3.3** に示す．

降雨は，森林植生による貯留と蒸発（降雨遮断）で一部カットされた後，地表面から浸透し，土壌の小さな間隙に毛管力によって吸引され保持される．この間隙の毛管力は，表面張力によるものであり，小さい間隙ほど大きい毛管力をもっていることはよく知られている．毛管力にはいくつかのあらわしかたがあるが，ここでは理解が容易であるので，pF 値を用いる．pF 値とは，自由水面から重力に逆らって水を引き上げる水柱の高さ（h：cm 単位）を常用対数で示したものである．つまり，$\mathrm{pF} = \log_{10} |h|$ であり，pF 2 とは，$10^2 = 100\,\mathrm{cm}$ まで水面から水を引きあげて保持できる力をあらわす．（自由水面を 0 cm とすると，引き上げる水柱の高さは，マイナスの数字となるため，h の絶対値，$|h|$ としている．）

この土壌に保持される水分量（土壌間隙の毛管力 pF 1.8 程度までの水分量，これを初期浸透損失量という）が土壌に吸収された後，土層内に重力による移動が容易な水分量が貯留され（pF 1.8 程度から飽和まで），降雨終了後に遅れて流出する土壌層の貯留成分となる．土層に飽和部分が生じると斜面側方

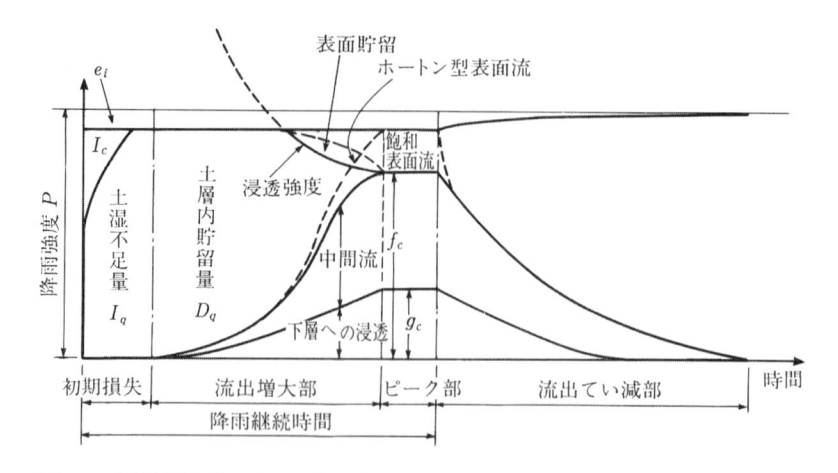

図 3.3 土層斜面要素における降雨流出の時間的変化（森林では $P < f_c$ のためホートン型表面流は生じない）[2]
P：降雨強度，I_c：樹冠等による遮断損失，e_i：蒸発損失，I_q：初期水分量からpF 1.8 程度までの土層に保持される水分量，D_q：pF 1.8 程度から飽和までの土層内貯留量，f_c：最終浸透強度（中間流出＋下層への浸透）（土層飽和時），g_c：土層飽和時の下層への浸透強度

への流出（中間流）が起こり，飽和部分の増加とともに流出量が増加する．地表面からの浸透強度は，土層の水分量の増加とともに減少し，土層が飽和すると一定の最終浸透能（飽和土層からの中間流出と下層へ浸透する一定の量）となる．

　土壌中の水の移動は，土壌間隙の水の保持力によって移動速度や経路が決まる．土壌間隙の大きさによって，水の保持力（表面張力による吸引力）が変わるので，土壌の間隙特性が，水の移動の経路や流出時間に影響をあたえることになる．良好な森林土壌は，団粒構造をしており，大中小の間隙がバランスよく配置されており，強い雨から長雨までうまく浸透させる構造になっている．また，大きな保持力をもつ小さな空隙で，長時間の水の貯留がおこなわれている．これが森林からの流出遅延のメカニズムである．

　表面流は，地表面の浸透強度以上の降雨によって生じ，浸透強度以上の余剰の降雨は表面流（ホートン型表面流）となる．また，流域内では，中間流の集中によって土層の飽和が生じ，地表面から浸透できない降雨によって表面流が起こるが，この表面流をとくに飽和表面流という．表面流は，流出時間が早いので，洪水を起こす大きな流出成分であり，また，土壌浸食を起こ

す場合が多い．わが国の森林土壌では，浸透強度は非常に大きく，裸地的な性質をもった局所的なところのほかは，ホートン型の表面流が生じることはほとんどない．降雨終了後の流出は，降雨中の土層内貯留などによる流出の遅れ成分である．図3.3の各成分は，降雨強度，初期含水量，および浸透強度特性などの条件によって，時間的な変化のパターンやその成分の量は大きく変わる．これらは，土壌構造・土壌組織（マトリックス）に関係した流出である．しかし，自然の斜面土層内部にはパイプ状あるいは巨大間隙の連結したものがある．これらは，浸透水分が集中して流下する管水路として機能するといわれており，この流出は，パイプ流あるいはマクロポア流と呼ばれる．また，降雨による「新しい水」によって，地中に貯留されている「古い水」が押し出されてくる早い流出があり，これは，押し出し流あるいはピストン流と呼ばれている．以上のように浸透流出は，土壌の構造や物理性に大きく影響される．

　以上のように，降雨は，森林植生によって，遮断され，蒸発し，地表面へ到達する降雨量が減少し，流出量を減少させる．地表面に到達した降雨は，森林土壌が雨水を貯留し，洪水流出量を減少させ，土壌中の流下速度を遅らせ，ピーク流量を減少させる．いずれも森林土壌の間隙特性によるものである．土壌が不飽和の状態では，大間隙よりも小間隙への吸水が優先し，飽和では大間隙での早い水分移動が起こる[4]．また，無降雨期間は，主に森林植生の光合成による気孔からの蒸散＊によって，土壌中の水分が大気へ蒸発する．

3.5 森林地での流出特性

　森林地で最も典型的な流出特性について，裸地と比較した観測事例（図3.4）がある．この図は，花崗岩ハゲ山における裸地斜面とそのハゲ山の植栽地（森林区）斜面からの流出特性を比較したものである．裸地斜面ではハイドログラフの立ちあがりが急で，ピーク流量も大きく，低減も急であるのに対して，植栽斜面では立ちあがり，低減ともにゆるやかで，ピーク流量は桁ちがいに少ない[5]．この植栽地（森林区）のハイドログラフが森林流域の特徴であり，

＊光合成には CO_2 と H_2O が必要であるが，CO_2 は気孔から取り込まれ，その際に開いた気孔から H_2O が蒸発する．これを蒸散という．

最も大きな違いは，森林植生の被覆と土壌があるかないかである．

森林斜面での水移動を考えた場合，降雨中の森林土壌による飽和－不飽和の流下速度によって遅延される時間スケールは，1～2時間スケールで，降雨終了後，浸透貯留された水分のうち，大きい間隙に貯留された水分（pF 1.8程度まで）は，中間流出として1～2日の時間スケールで流出する．さらに，小さな間隙に貯留された水分（pF 2.7程度まで）は，流出が終了するまで20～30日の時間スケールと考えられている．このように，森林土壌斜面では，大間隙から小間隙まで広範囲の間隙が，土壌水分条件の変化に対応して，浸透，貯留，流下によってそれぞれ異なる時間スケールで水移動が起こることによって流出が遅延されている．これはあくまでも平均的な話であり，降雨条件，土壌条件，地形条件などにより，また，多くは局所的な要因によって，遅延時間もそれにともなう流出量の変化も異なる．

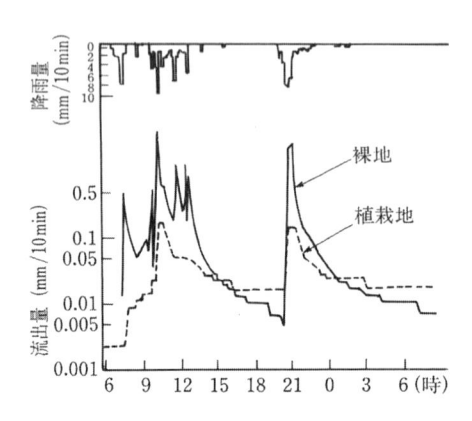

図3.4 花崗岩ハゲ山における裸地と植栽地（森林）のハイドログラフの比較[5]

無降雨期には，図3.3に示した深部浸透によって涵養された地下水流出成分が徐々に河川に流出する．森林は土壌中の水分を蒸散によって使用し，地下水の涵養源としての土壌水分を減少させ，河川流量の低減をはやめる．これは，樹木の光合成活動の季節変化と流出の低減曲線との関係，あるいは土層実験，数値実験などによってあきらかにされている．

滞留期間が数年以上にわたる地下水を徐々に涵養する基盤地質（透水係数10^{-5}cm/s以下）への深部浸透の過程については未解明のところが大きく，そのため地下水流出についても不明な点が多い．

一般に地下水の平均滞留時間は，800年程度といわれており，地下水流出は，河川下流部の深部地下水と考えられている．また，扇状地では，数年から数十年の滞留時間が推定されている．しかし，実際の森林山地での降雨－流出では，押し出し流，パイプ流などによって地下水流出の短期流出（1～3

日程度）に占める割合が大きいという調査例がある．これらの調査結果からみて，河川上流地域では，実際の流出成分に占める地下水流出の割合は大きいものと考えてよいだろう．

次に，このような森林の流出特性が水資源とどのようにかかわっているかという問題として，森林の水源涵養機能について述べる．

3.6 水源涵養機能

水利用の面からみると，森林の機能や構成によって「流出量が増加するか」や，「一定の流出量が長く持続するか」ということが，大きな問題となる．流出量の増加は，蒸発散量の大小によって変化し，流出の持続性には，浸透・貯留・流下のプロセスが影響する．

3.6.1 流出量の増加問題（森林の蒸発散量問題）
（1）樹種および植生被覆率による年流出量の変化

世界の森林水文試験地における植生と流出量との試験結果をまとめた資料には，植生が減少すると年流出量が増加する関係が示されており（図3.5），また，この流出量の増加は，針葉樹の方が広葉樹よりも大きい[6]．

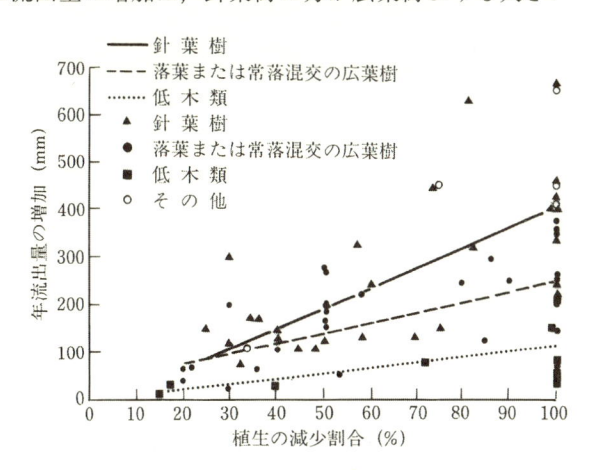

図3.5 植生の減少にともなう年流出量の増加[6]

降水量が増加すれば,ある限度までは蒸発散量も増加することもわかっており,その範囲では,森林の伐採などによる森林植生の減少によって,流出量は,年降水量の増加とともに増えることになる.

(2) 植生変化がおよぼす流域蒸発散量の経年変化

広島県江田島町の3流域のうち,A流域は健全流域で,B,C流域は,1978年6月に林野火災で植生が焼失した流域である.各流域の日蒸発散量について,200日移動平均による蒸発散量の変化を比較(図3.6)すると,植生が焼失したBとC流域に対して,健全流域が1991年ごろまで蒸発散量が多いことがわかる.1992年以降をみると3流域の蒸発散量は同じような値になっている.これはBとC流域の植生が回復して蒸発散量が増大したものと考えられる.

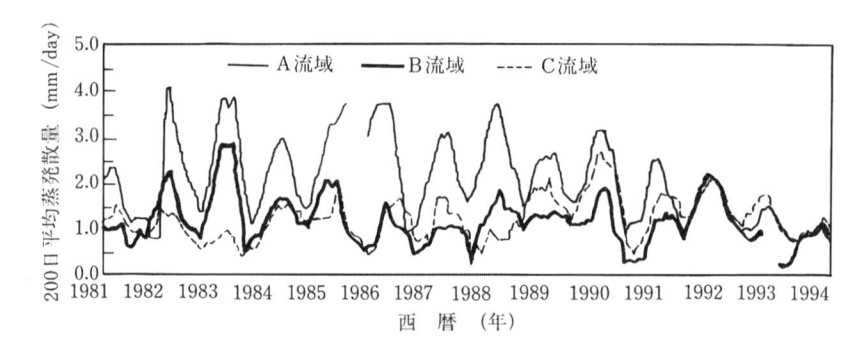

図3.6 流域蒸発散量の経年変化

また,日流出量の流出特性の経年変化について,日流出量の経年変化を比較した結果によると,林野火災直後の1981年から1990年ごろまでは,火災跡地のBとC流域の流量が多いことが示されている.そして,森林が回復してきた1990年以降のBとC流域の流量は,健全流域であるA流域の流量との差が小さくなっており,蒸発散量の経年変化とほぼ対応していることがわかる[7].

(3) 国内の小流域試験地における森林と流出

日本国内の北海道から沖縄の範囲に森林流出試験地(16試験地)の観測結果にもとづいて,森林と流出の関係について,総括的なまとめがおこなわれている[8].

a）流出率と年降水量

日本の森林水文試験地の調査結果では，降水量とともに流出率は増加することが示されている（図3.7）．森林の伐採，山火事などで変化した森林地（変化流域）では，降水量と流出率の関係はばらつきが大きい．しかし，自然流域（森林そのままの状態）では，降水量の増加とともに流出率が増え，年降水量2500mm以上ではほぼ一定となる．また，流出率の範囲は，年損失量（年蒸発散量）でみると，500～1000mmの範囲にある．温暖湿潤帯である日本では，一般的には，降水量が多ければ流出量も大きいと考えてよいだろう．

b）流出率と森林蓄積

図3.7によると，森林地の年流出率は20～80％の間で変動しているが，森林蓄積の増加とともに流出率は減少する傾向がある．森林の蓄積は，樹木の生長とともに増加するので，生長に伴う蒸散量の増加と考えられている．植栽されて60年程度までは，流出率が減少するといえるようである．さらに，樹木が高齢になると生長も止まり，蒸散量は次第に小さくなる．

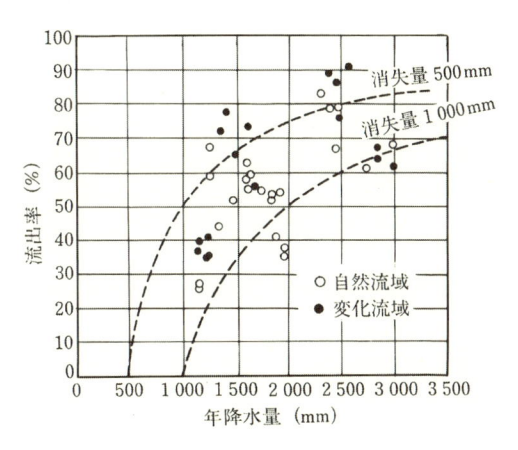

図3.7 流出率と年降水量[8]

以上をまとめると，「一般的に，森林は，年流出量の増加をもたらすものではない」こと，また，「森林が伐採されるか，あるいは破壊されると蒸発散量が減少し，年流出量は増加する」ことを示している．この年流出量の増加は，前にも述べたように，森林植生による蒸発散量が減少した結果である．世界的には，乾燥地域では森林植生を減少させることによって，流出量を確保することもおこなわれている．

3.6.2 森林が流出の持続性にあたえる影響（流量の平準化問題）

森林による年流出量の増加が一般的ではないにもかかわらず，森林に水源涵養機能があるという素朴な実感はいったい何に起因するのであろうか．こ

れは，年間の水利用を考えた場合，いつも同じ流量が流れているかどうかが重要な問題であり，「森林地では流出が安定的である」ということを実感している，と理解できるであろう．つまり，年総量ではなく，流出の安定性を水源涵養として実感しているものと考えられる．

この年間の流量変動を示すものに，年間の日流出量を最大値から最小値まで順番にならべた流況曲線（継続曲線）があり，この流況の特徴を用いて森林による流出量の平準化機能を示す．

(1) 森林の流出量平準化機能

針葉樹と広葉樹の混じった林齢27年生の人工林が，71年生の高齢林になるまでの長年月にわたっておこなわれた量水観測資料の結果をみると，森林植生には，年最大日流出量を減少させ，年最小日流出量を増加させるという長期的な傾向，すなわち，流出量の平準化機能がある[9]．

森林土壌では，粗大間隙から基岩への浸透，その粗大間隙へ水を導く大間隙の有機的な結合によって，流量調節がおこなわれており，森林は，土壌表層のこのような間隙組成を生物的に造成し，維持するはたらきがある．つまり，このような流況の改善は，長年月にわたる森林植生による森林土壌の間隙分布特性の改善による流量調節効果の増加とともに，森林の高齢化によって蒸発散量が低減し，年最小日流出量が増加した結果と考えられる．このように，森林植生は，長年月にわたり森林土壌を改善して流況を平準化するものと考えてよいであろう．

(2) 土地利用別の流況曲線の相違

図3.8に，ゴルフ場と森林流域，ならびにまったく降雨が浸透せずにすぐにすべて流出した場合（コンクリート被覆流域）の流況の比較を示す[10]．これによると100日目まではコンクリート，ゴルフ場，森林の順で日流出量が大きく，それ以降は，流出量の大きさの順序が逆転しており，あきらかに森林流域の平準化機能が示されている．また，造成畑地と山林地の流況曲線を比較解析した結果でも，山林地流域の流出量の平準化機能が示されている[11]．

このように森林の水源涵養機能は，「流出量の平準化，つまり，降雨を時間的に平滑化して流出を遅らせることにある」といえる．

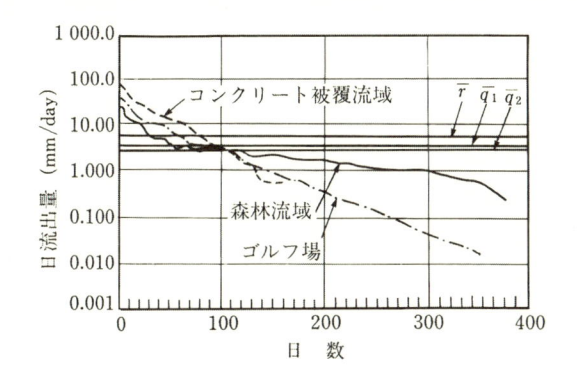

図 3.8 土地利用による流況曲線の差異[10]
$\bar{r}$：日平均降雨量，$\bar{q}_1$：芝地流域（ゴルフ場）の日平均流出量，$\bar{q}_2$：森林流域の日平均流出量
（注）日平均量とは，年間の合計水文量を 1 年の日数で除した値．

3.6.3 森林の水源涵養機能の評価

森林の水源涵養機能を評価するためには，森林と他の土地条件や利用等とを比較してみる必要がある．

（1）山林地と造成畑地の比較

山林地の流況曲線は，造成畑地に比較して，低水部分の流量が大きいことが一般に示されているが，渇水年では，逆に造成畑地の渇水期流量*が大きくなる調査結果がある[12]．また同様に，少雨年で，渇水期の日流出量が 0.5 mm/日以下で急激に森林地の流出量が減少することが示されている[11]．これらの結果は，森林は大型の植物であり，畑地に比較して蒸散量が大きく，とくに渇水期には，その蒸散量の影響が大きくあらわれることを示している．

（2）森林の破壊と回復にともなう流況の変化

3.6.1 に述べた広島県江田島の 3 流域について，流況曲線による流出特性の変化を図 3.9 に示す．火災跡地（B, C 流域）は，1984 年までは，健全流域である A 流域より年間を通して流量が多い．1993 年では，B と C 流域の植生の回復が進み，B と C 流域の低水部は A 流域より低下しているが，1993 年は平年より多雨の年であり，A 流域と B および C 流域の流量の差は小さい．しかし，1994 年の異常渇水年をみると，健全流域と火災跡地では，健全な森

---

*流況曲線は時系列ではないので，流況の低水部分は必ずしも渇水期と同じ時期とは限らない．しかし，わかりやすくするために，少しは厳密性を欠くが「渇水期」とした．

林流域の方が低水部分で非常に流出量が多いことがわかる．これは少雨のため3流域とも蒸発散量によって低水部分の流量は低下したが，土壌層および地下深部にたくわえられる水量の違いによって，健全流域の方が低水部分流量が異常に小さくならず，平準化機能も大きくなったと考えられる．

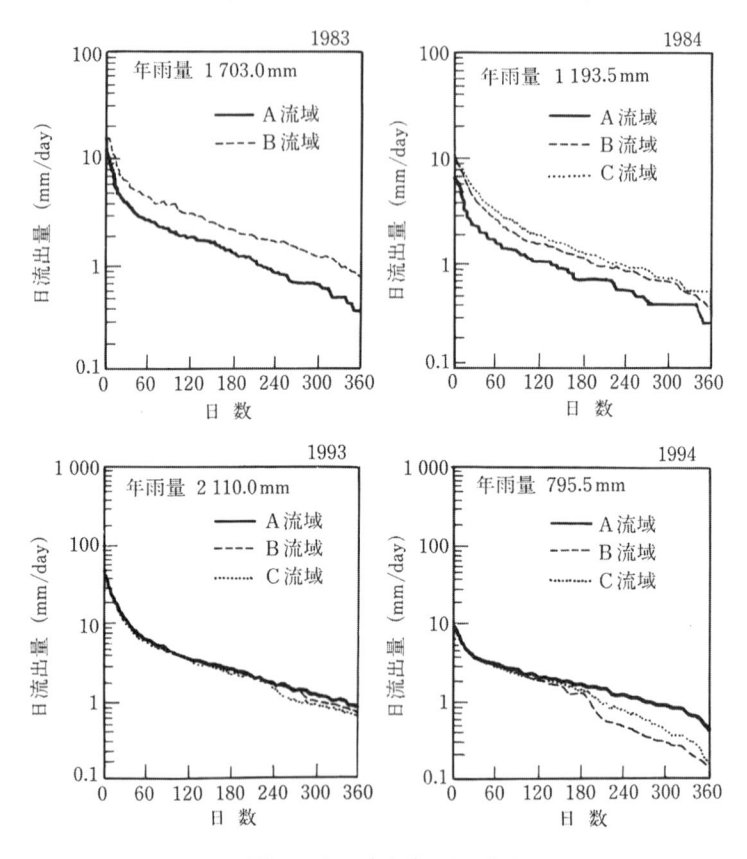

図3.9 江田島流域の流況曲線

(3)「流況解析法」による評価[10]

図3.10に示すように，流況を流況曲線を用いて定量的に比較する方法が提案されている．これは，安定した水利用の水準を示す指標を定義して，水利用に対する森林の流出の平準化の効果を評価したものである．これにより，降雨に対する水の利用率が大きいときは貯水池の効果は大きいが，蒸発散抑制の効果が大で，水利用率が小さいときは流出の遅延効果（つまり森林の水

源涵養機能）が大である，という結果が得られる．

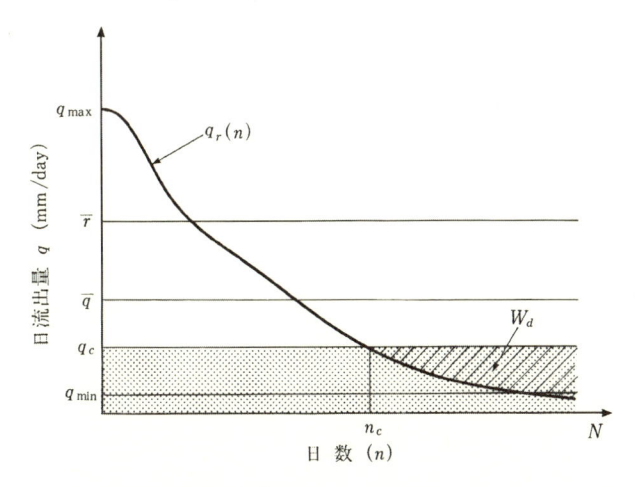

図 3.10 流況曲線の模式図[10]
$q_r(n)$ は1年間の日流出量を大きい方からならべたもの．q_c の流量を利用しようとするとき，斜線 W_d の部分が水不足となる．$\bar{q}$ は日平均流出量で，完全に平準化されたときの流量，$\bar{r}$ は日平均雨量．蒸発散がないときに使える水量の上限．q_{max} は最大日流出量，q_{min} は最小日雨量，N は1年の日数，n_c までが1年のうちで q_c を利用できる日数である．

森林地では流出量平準化による水源涵養機能を発揮しており，水源の確保という点からは，コストをかけずに機能が発揮できるところにその本質がある．また，森林は短期的に森林土壌がもつ流出遅延効果を増強することは困難であり，貯水池のようにすぐにその効果が出てくるわけではない点が特徴でもある．

3.7 森林による水質保全

森林地からは，一般に清澄な「水」が流出するといわれる．これは，森林によって斜面の土壌層が保全されており，土壌浸食等による汚濁物質の流出を防いでいることと，森林生態系における物質循環システムによって物質の収支バランスがうまくおこなわれているからである．森林生態系では，大気からは降雨に含まれる物質，あるいは乾性降下物による各種の物質が入り，ま

た，土壌層へは岩石の風化により各種の物質が入る．これらの物質は，人為的な汚染がないかぎり，濃度も量も少ない．森林生態系では，図 3.1 に示したように，この低濃度の物質を循環させて森林を維持しているので，この結果として，物質濃度の低い水（清澄な水）が流出することになる．

3.7.1 流出水質の形成
（1）濁度
森林地では，樹冠による降水遮断，落葉落枝，腐食層による表面被覆，土壌層の大きな浸透能によって，雨滴浸食や表面流の発生がおさえられ，土壌浸食は非常に少ない．その結果，透明な清水が流出する．

わが国では，森林山地の侵食量は，0.01～0.1 mm/年程度（傾斜 15 度以上）で[13]，土壌生成速度も 0.01～0.1 mm/年のオーダーといわれており[14]，浸食量と生産量とがバランスのとれた平衡状態にあるといえる．

しかし，森林の開発の方法によっては，このバランスがくずれ，異常な土壌侵食へと移行する．わが国の農耕地，裸地，荒廃地の侵食量は，それぞれ 0.1～1 mm/年，1～10 mm/年，10～100 mm/年のオーダーとみつもられているので，裸地，荒廃地では許容の範囲（1 mm/年）をオーバーすることになる．このように裸地，荒廃地をつくるような人間活動によって，バランスが破壊されることになる．

浮遊物質や汚濁物質は，斜面における表面流の発生によって起こる土壌浸食や増水による渓流の渓岸浸食などが主な原因である．

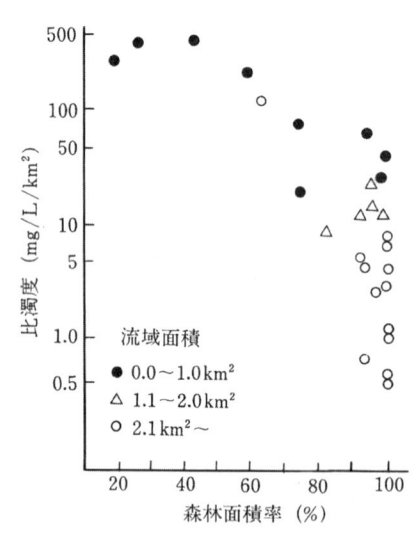

図 3.11 森林面積率と比濁度の関係[15]

つぎに，森林面積率と濁度との関係を調査した結果を図 3.11 に示す（比濁度を単位面積あたりの濁度とする）．森林面積の減少による濁度の増加が大きく，とくに流域面積の小さい流域で

は，濁度の増加がいちじるしい．出水時の表面浸食による土壌流亡が濁度増加の大きな要因であり，森林植生による表面被覆が濁度にあたえる影響は非常に大きいといえる．

(2) 水温

森林地では，太陽からの日射（純放射量）の大部分が，蒸発散による潜熱に変換されるが，裸地化すると，顕熱と土壌中の貯熱変化量が増大し，乾燥土壌層が形成され地温が上昇する．この結果，水温も上昇すると考えられる．伐採跡地と森林地の水温の比較では，森林地での水温は伐採跡地に比較して低く安定していることが示されている[16]．

(3) 土壌層での水質形成

森林生態系における物質循環において，森林地では，枝葉，樹幹などの地上部において，降水の水質変化も起こるが，最も重要な役割をもっているのが「土壌層」である．土壌層は，水の移動経路を規定して，各種流入物質と接触し，濾過，吸着，交換などに関係すると同時に，落葉落枝などの有機物を分解する微生物や小動物の生活の場となっている．

土壌粒子表面には，陽イオンを吸着，交換するはたらきがあり，降水等からのアンモニア態窒素，燐などは，土壌に吸着され主に植物に吸収される．また，吸着されず流亡しやすい硝酸態窒素は還元状態で脱窒作用をうけ，気化される．この結果，年単位でみれば，降水と流出水における窒素および燐の収支は，流出量の方が少なく，プラス収支となり，このプラス分は，主に植物に吸収蓄積されている．

たとえば，降水によって流域にもたらされる窒素量は，年間 7～13 kg/ha にも達するが，森林地から流出する窒素は，1～5 kg/ha で，約 1/3 程度に減少する．燐については，流出量は，0.1～0.5 kg/ha で降水よりやや少ない程度との報告がある[17]．

また同様に，Ca, Mg, K, Na なども土壌に吸着されるが，岩石の風化によって，これらの成分は土壌層に加わるため，降水との収支はマイナスとなり，流出量の方が多くなる．しかし，水質上問題となる程度の濃度とはならない．これらをまとめたものとして，物質の降水による収入と流出による支出の調査結果を**表3.2**に示す[18]．

重金属も土壌層で吸着や集積がおこなわれるが，吸着能の限界以上では流

表 3.2 物質の降水による収入と流出による支出 (kg/ha・年) [18]

	滋賀・若女			滋賀・梁ヶ谷			滋賀・竜王山		
	収入	支出	差	収入	支出	差	収入	支出	差
NH_4-N	1.63	0.22	1.42	1.95	0.34	1.61	2.87	0.97	1.90
NO_3-N	2.77	0.80	1.97	2.87	1.08	1.79	5.07	1.78	3.20
Org–N	2.52	0.82	1.70	4.27	1.41	2.86	3.97	1.45	2.52
Tot–N	6.92	1.83	5.09	9.09	2.66	6.43	11.90	4.20	7.70
P	0.37	0.13	0.23	0.28	0.55	-0.27	0.31	0.23	0.08
K	3.89	4.05	-0.67	5.63	7.24	-1.61	3.09	8.55	-5.46
Ca	3.98	5.55	-1.58	4.57	22.63	-18.07	5.73	145.26	-139.5
Mg	1.41	2.42	-1.01	2.48	15.64	-13.16	3.31	23.24	-19.93
Na	8.06	29.58	-21.52	20.05	48.66	-28.61	9.48	33.57	-24.09
Cl	33.62	28.59	5.03	48.11	64.63	-16.53	45.62	62.46	-16.84

出するので，水源域としての問題と同時に，森林生態系に重大な支障をきたすことも考慮しておく必要がある．

また，酸性雨によってpHが低下するが，日本の多くの森林土壌中に含まれる火山灰の非晶質，準晶質の粘土鉱物による酸性物質の緩衝作用で，土壌の急速な酸性化が起きず，流出水質の酸性化や植物に有害なアルミニウムの溶出もおさえられている．

このように，森林地からの流出水質は，土壌層の物理化学的特性や生物活動によって，低濃度で安定した水質を保っている．さらに，この水質は，渓流生態系を維持する重要な要素であり，渓流生物の保全，さらには海域生物にまで影響をあたえる．このような水源域から中流・下流・海域まで流域全体を通した研究は緒についたばかりである．

森林伐採などで養分物質の循環的利用が中断，破壊されると流出成分濃度は増加し，水質が悪化する．一方，森林による水質浄化機能を利用した汚水処理などの試みもある．しかし，それらは水質形成のメカニズムの把握と森林生態系の影響評価モニタリングとによって実行されるべきで，森林地を単なる汚水処理だけの機能として利用するべきではない．また，最近，森林地に粗大ゴミや家庭ゴミの不法投棄がみられるが，みずからの首を絞めるものとして自覚する必要がある．同様に，産業廃棄物，ゴミ埋立など，水源汚染

物質が搬入されることが多くなっているが，基本的に汚染物質として制限すべきである．

しかし，これらの水質形成には，地形，地質，土壌構造，降雨量などによる影響が大きく，降水の量と質，水の移動経路，土壌による緩衝能，イオン交換能，地中での飽和・不飽和の水分条件，蒸散による水質の濃縮などによって，水質形成のメカニズムも大きく異なる．また，とくに短期流出と長期の流出では，流出のプロセスの相違によって流出水の水質形成がことなってくる．そのため，森林地における水資源問題では，地域性や流域特性を考えた降水，乾性降下物の量と質，および流出水の量と質のモニタリングを継続することが重要である．

3.8 森林による熱環境の保全

3.8.1 森林の水・エネルギー収支

森林の熱環境は，森林での水・エネルギー収支の特性にもとづいている．森林でのエネルギー収支の模式図を，図 **3.12** に示す．ここで，正味の放射量 (R_n) は次式で示され（単位は，たとえば W/m²），これが熱エネルギーとして働く．

$$R_n = \underbrace{(1-\alpha)Q}_{\text{（地表面への短波放射量）}} + \underbrace{L\downarrow}_{\text{（地表への下向き長波放射量）}} - \underbrace{L\uparrow}_{\text{（地表から上向きの長波放射量）}}$$

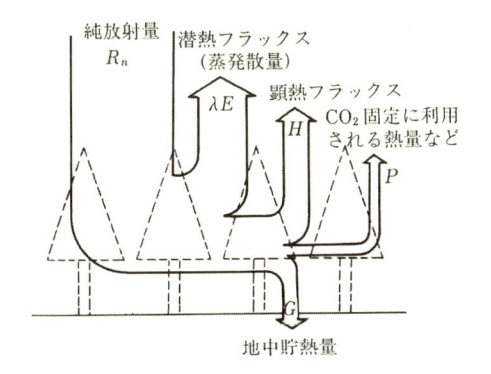

図 **3.12** 森林におけるエネルギー収支[2]

Q は太陽からの短波放射量である．α はアルベド（反射率）で，砂漠では 0.25〜0.4，新雪では 0.7〜0.9 と大きく太陽光を多く反射するが，森林では 0.03〜0.15 程度と小さく，太陽エネルギーをよく吸収する．

また，この R_n のうち，光合成に用いられるエネルギーは小さく，収支では無視できる．さらに森林地では，地表や地中の貯熱量（G）は小さいので，これを除いた有効放射量（$R_n - G$）が，主に森林の熱環境における大きな入力エネルギーとなる．この有効放射量（$R_n - G$）は，蒸発散による潜熱（λE）と空気の温度を上昇させる顕熱（H）に使われる．潜熱に対する顕熱の比（$H/\lambda E$）をボーエン比と呼び，この値の大小が森林の熱環境の特徴を示す指標である．

森林では，アルベドが小さく，ボーエン比が小さいのが一般的な特徴で，森林で吸収されたエネルギーを効率よく潜熱に変換する（気化熱をうばって気温を低下させる）ことによって，顕熱による大気の気温上昇を抑制している．なお，水収支では，降雨量（R）が流出量（D）と蒸発散量（E）の和として示されるが，蒸発散量 E の熱量表現が λE である．それゆえ，水収支は，潜熱を媒介として熱収支と関係づけられ，蒸発散量は，潜熱として熱環境に影響をあたえる．

3.8.2 気象緩和機能

森林植生は，光合成にともなう蒸散作用によって，90％以上の太陽エネルギーを水の気化熱（潜熱）に変換し，気温の上昇を防いでいる．そのため，森林緑地のない都市域では，地表面への日射による貯熱と人工廃熱の貯熱によってヒートアイランド（熱の島）が出現する．図 3.13 に都市化による緑地等の空間の面積率の減少と都市内外の最大気温差の関係を示す[19]．

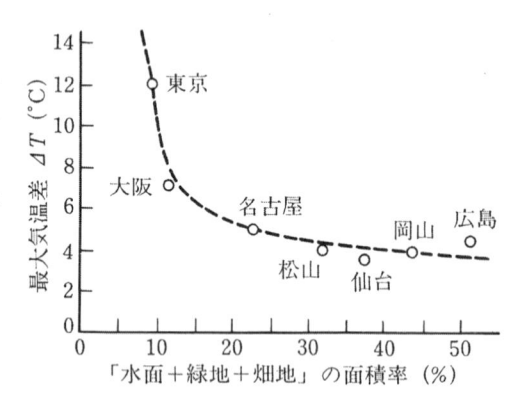

図 3.13 都市内外の最大気温差とランドサット画像解析による土地利用面積率（水面＋緑地＋畑地）との関係[19]

これによると緑地・畑地・水面空間の面積率が20％以下に減少すると都市内外の最大気温差が急激に増大するので，とくに都市化による緑地の減少は，いちじるしく気象条件を悪化させる．緑地の規模が大きければ，周辺におよぼす気象緩和効果の範囲は広がるが，緑地幅が400 m 以上では影響範囲の増加はそれほど大きくならない．そこで，大規模な緑地を多数配置することは望ましいに違いないが，緑地面積を自由に確保できない状況では，中小規模の緑地を効果的に配置する方が気象緩和には有効である．気温と湿度によって人間の気象環境をあらわす不快指数があるが，観測によると緑地によって不快指数の緩和効果が認められている．

3.9 森林と流域管理

　森林と水資源について，一般的な理解と水循環に対する森林の影響評価をおこない，森林のはたらきについて述べた．異常渇水期における森林流域の水源涵養機能は，流出量，その持続性とも評価が高い．これは，森林流域の土壌特性（間隙特性）による斜面土層〜地下深部への地下水涵養機能効果によるものと考えられる．
　いずれにせよ，森林の洪水緩和機能，水源涵養機能，水質保全機能は，森林土壌によってもたらされており，この土壌の保全が第一であり，これを大面積，低コストで造成・増強するには森林の保全によるのが最も有効であり，その水循環の特性にもとづいて水利用を考えることが必要である．
　森林の環境保全機能については，水源涵養，洪水緩和，土砂災害防止，気象緩和などさまざまな総合された機能を，柔軟なソフトな対策として人間生活の環境保全に用いるべきであり，全体としての流域管理における「ソフト化」のなかで位置づけていく必要がある．
　また，森林地は，もともと生態学的に安定であり，そのような斜面の土壌層の生態学的バランスを保全するという意味での森林保全が人間生活の環境にとって重要であることは疑いがないことである．
　この森林の生態的安定は，多種多様な要素からなりたっており，全体的なバランスから人間と森林の関係を考えていく必要がある．森林生態系におい

ては，リサイクルという言葉は存在しない．ほとんどすべての物質がサイクル（循環）するからである．ゼロエミッションという言葉も必要がない．成熟した森林では，トータルの収支をみると，ほぼ均衡している．すべての物が分解可能であり，分解のための新たなエネルギーの投入を必要とせず，循環に必要なエネルギー源は太陽光線だけである．森林生態系は水循環をなかだちとした理想的な物質循環系であり，その理解・研究および有効利用は人間社会の存続にとって不可欠である．

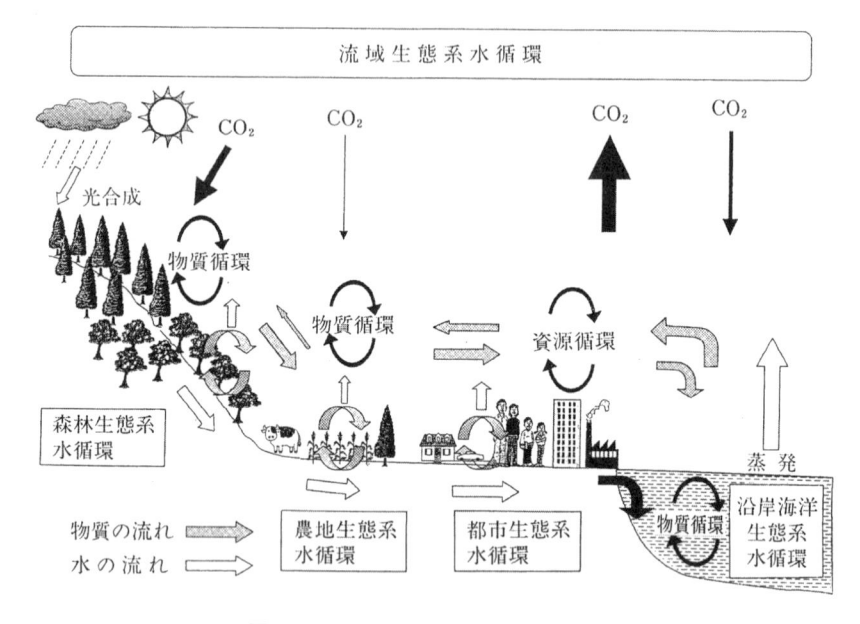

図 3.14 流域生態系水循環システム概念図

　社会の持続性としての循環系の基本は，図3.14に示すように，流域における森林水源域，耕地域，都市域，海洋域等の各土地利用別の個別循環系をもとに，各個別の循環系への適正な限度内での物質の入出力のやりとりを基盤として，全流域の大循環系を構築することである．このためには，土地利用別の個別循環系がなりたつ高度な技術開発も必要であるが，実際には，それぞれの地域に定着した人間生活を基本とする循環型思想へのパラダイムシフトが最も重要であろう．

参考文献

[1] タットマン（熊崎実 訳）：日本人はどのように森をつくってきたのか，築地書店（1998），p.200
[2] 塚本良則 編：森林水文学，文永堂出版（1992），p.319
[3] 近藤純正ら：日本の水文気象（3）——森林における蒸発散量——，水文・水資源学会誌，Vol.5, No.4（1994）
[4] 小川滋ら：Studies on infiltration — discharge of rain water in heterogeneous soil, Proceedings of international symposium on forest hydrology (1994), pp.93–98
[5] 福嶌義宏：田上山地の裸地斜面と植栽地斜面の雨水流出解析，日林論，No.88（1977），pp.391–393
[6] Bosch, J. M. and J. D. Hewlett：A Review of Catchment, Experiments to Determine the Effect of Vegetation Changes on Water Yield and Evapotranspiration, *Jour. of Hydrology*, Vol.55 (1982), pp.3–23
[7] 小川滋：日本の水資源供給に貢献する森林，山林，No.1347（1996），pp.49–61
[8] 林野庁：平成11年度荒廃現況調査（渇水地域上流森林整備指針策定調査）（小杉，志水ら），林野庁（2000）
[9] 中野秀章：21世紀に向けての水保全と森林機能の活用，信州大学中野教授退官記念事業会（1988），pp.1–81
[10] 鈴木雅一：山地流域の流出に与える森林の影響評価のための流況解析，日本林学会誌，Vol.70, No.6（1988），pp.261–268
[11] 高瀬恵次ら：渇水緩和機能の定量化に関する研究（1），平成7年度農業土木学会講演要旨集（1995）
[12] 滝本裕士ら：山林は渇水緩和に役立つか，農業土木学会論文集，No.170（1994），pp.75–81
[13] 川口武雄：森林の土砂流出防止機能，森林の公益的機能解説シリーズ，日本治山治水協会（1986），pp.1–60
[14] 岩田進午：土を科学する，NHK市民大学，日本放送出版協会（1989），pp.1–148
[15] 浅井敬三：河川水の汚濁と林地の関係についての実態解析に関する研究，林野時報，Vol.29（1982），pp.52–55
[16] 中野秀章：森林水文学，共立出版（1976），pp.1–228
[17] 田渕ら：清らかな水のためのサイエンス，農業土木学会（1998），p.207
[18] 堤利夫：森林の物質循環，東大出版会（1987），pp.1–124
[19] 福岡義隆：都市の規模とヒートアイランド，地理，Vol.28, No.12（1983），pp.34–42

第4章 川と水資源

4.1 日本の水資源の現状と将来への展望　72
4.2 総合流域管理概念とその評価手順の提案　76
4.3 流域環境評価に向けてのシミュレーション　81
　　4.3.1 シミュレーションモデルの構成　82
　　4.3.2 水量流出過程　82
　　4.3.3 水質移流過程　85
　　4.3.4 実流域での適用と考察　88
4.4 今後の課題　90

4.1 日本の水資源の現状と将来への展望

近年，いわゆるバブル時代までの流域開発や都市化，あるいは温暖化による気候変動のために，集中豪雨や山地崩壊などの自然災害が多発しつつあるといわれている．これは対象地域の流出や土壌特性を十分に把握しないで開発が進んだためであり，異常出水に弱いままの状態で，いったん被災すると被害が増大する可能性が高くなる．山地部での無理な開発は，山地，斜面崩壊による被害を大きくしている．河川本川は高い安全度をもつ堤防建設が進み保護されるようになったが，支川部や都市内水域では排水路網やポンプ性能が排水流量の増加についていけず，内水災害が増加しつつある．一方，無降雨時においても自流域が小さく導水に頼っている地域では，上流域からの補給流量が少なく，容易に渇水被害をこうむる結果となる．さらに，都市の集中化，産業の高度化により汚染物質の大量排出が進み，河川水量の悪化が問題となってきた．

汚染物質は BOD，T–N などの生活排水にかかわるものから，ダイオキシン，ノニルフェノールなどいわゆる環境ホルモンにかかわるものまであり，その人体や生態系への影響が懸念されるようになってきた．家庭や工場での洗剤，ゴルフ場での除草薬，水田・畑地での農薬，などに含まれる化学物質の動態解明が求められている．すなわち高度成長期におこなわれていた河川水量の把握・管理だけではなく，河川内での水質の推定，環境・生態系への影響を考慮しなければならなくなった．言い換えると，従来のように河川内における特定の地点での水量を求めるだけでなく，

(i) 水量，水質の把握とその環境への影響を評価すること，
(ii) 特定の地点だけでなく任意の地点，任意の時間での値を算定すること，
が必要になってきた．広くは，大気から地表，地下水までの 3 次元的な解析が要求されていると言っても過言でない．こうした視点より，本章では，河川を中心とした流域の水資源を考察しよう．

わが国の年平均降水量は約 1 800 mm といわれており，これは世界の年平均降水量の約 2 倍に相当する．しかし，人口 1 人当りでは約 5 200 m^3/年・人と

なり，世界平均の4分の1にすぎない．一方，高度経済成長とともに人口の急増，都市化の進行や水利用の高度化にともなう水需要の増大のために，水需給のバランスが崩れ，慢性的な渇水に悩まされている地域も存在している．水資源賦存量（対象地域の 降水量 − 蒸発散量）は図 4.1 に示すとおりで，地域的，時間的な変動がみられる．しかし，降雨の発生要因が梅雨や台風であり，かつ山岳地域から海までの流出時間が短い太平洋側では，水資源賦存量が有効に利用されているとはいえない．同図からは，近年の水資源賦存量は減少傾向であり，いっそう，水不足の発生に拍車がかかっているようである．

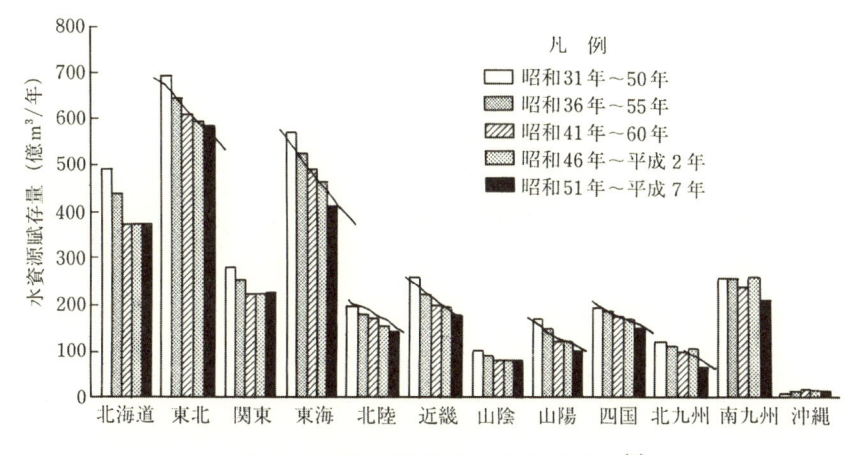

図 4.1 地域別水資源賦存量（渇水年）比較[1]

さて，我われが利用する水資源は，①飲料水，調理・洗濯・風呂・掃除・水洗トイレ・散水用水などの家庭用水と，営業用水，公共用水，消化用水などの都市活動用水を包含した生活用水と，②ボイラー用水，洗浄・冷却用水，温調用水などの工業用水，③水田・畑地の灌漑用水，畜産用水などの農業用水の3種類で分類されており，前2者を都市用水と呼ぶときもある．国土庁の調査によると，生活用水は昭和50年以降年平均 2.3 ％の伸びである．これは水道の普及率の上昇とそれにともなう水洗トイレやシャワー，ウォシュレットの使用があげられ，平成9年度末では 96.1 ％となっている．1人あたりの使用料は 323 L/人・日であり，アメリカ合衆国とほぼ同レベルとみなすことができる．

工業用水は，製造過程で使用される淡水補給とくり返して使用される回収水からなっており，1977年（昭和52）のオイルショックのころまでは急激な伸びをみせていた．その後，少しの増加や減少をくり返し，1995年以降は電気製造業や化学工業を中心に若干の増加傾向である．回収率に関しては，昭和52年より70％をこえており，1996年では77.4％になり，鉄鋼業では90％以上を達成している．

農業用水は，水田の作付面積が減少しているものの土地改良による水路内水位維持のために水量が要求され，ここ20年ほど，ほとんど需要量に変化はみられない．内訳よりみた変動特徴として，稲作より畑作，ハウス栽培の増加があり，1年を通しての水需要傾向にある．その他の水利用には，地下水を利用する消雪用水，マス，金魚，ウナギ等の孵化，あるいは養殖に利用される養魚用水，水力発電の発電用水，などがあげられる．

消雪水は日本海側，降雪期に限定されているが，地下水利用のため地盤沈下という問題が発生している．養魚用水は，主として河川水が利用されており，大部分が還元されるので水量よりも水質での問題が生じている．水力発電は，CO_2やNO_xを発生しないクリーンなエネルギーとしての評価はあるものの，建設による環境変化や費用の点より，全電力の1割強を担っているにすぎない．

水利用のための水源としては，河川水，地下水，溜池，湧水に加えて，雑用水や海水の淡水化があるが，河川水が7割，地下水が2割，残りがその他といっても過言でないほど地下水の占める割合は大きい（図4.2）．ダムなど

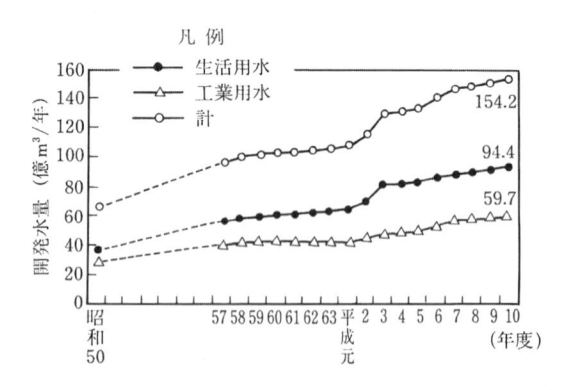

図4.2 完成した水資源開発施設による都市用水の開発水量[1]

による都市用水の開発量は1999年で154億 m^3/年で，図のように増加傾向を維持している．ダム貯水池の建設だけでなく，河口堰，流域間導水，湖沼開発もあわせておこなわれている．

開発には地域差があり，水道用水は関東，東海，近畿に多く，工業用水は東海，山陽が目立っている．ただし，都市化に対して水資源開発が遅れている場合が多く，河川水が豊富であることを条件に取水する不安定取水*が適用されている．1998年の不安定取水は約22億 m^3/年で，都市用水の約7％にのぼっている．

1999年6月に国土庁が発表したウォータープラン21[3]では，水資源開発施設の建設により，全国的な水需給バランスは改善されつつある，とまとめている．しかし，諸外国の利水計画からみると，既往最大渇水，50年渇水への対処を目標としているのに対して，日本は目標が10年渇水対応にもかかわらず，毎年渇水に悩まされている地域が存在する．水質に関しても，環境基準の達成度が河川で70～80％，湖沼で40％とまだまだ改善されなければならない段階である．さらに，将来の展望と課題に関しては，高齢化と少子化による経済成長の鈍化，投資余力の低下と水資源適地の減少，建設費用の増大，施設の拡充・更新のため，投資の効率化の必要性を強調している．また，水質，親水性，景観など多様化するニーズへの対応，大渇水，震災時における水に関する危機管理，地球環境問題を考慮した水資源施策が要求されている．

具体的な展開としては「持続的水利用」，「水環境の保全と整備」，「水文化の回復と育成」をキーワードに，水利用の安定性，水に対する危機対策，良質の水の確保，水資源とエネルギー消費，に関して考察され，精度の高い水需要予測，既設の水資源施設の有用利用，水利権の転用，雨水利用，震災対策，異常渇水対策，水質事故対策，水辺環境，自然との共生，水源保全・涵養，などがその特色である．政策立案テーマとしては

1) 水資源開発，維持管理に関するコスト削減・省力化
2) 水環境の保全対策
3) 安全でおいしい水の確保
4) 地震・渇水に強い水供給の確立
5) 水に対する新たなニーズへの対応

---

*将来の施設整備を前提に，豊水期のみ取水を認められる暫定水利権[2]に基づく．

に分かれており，この実行に向けて
- 水資源開発施設建設の効率的・経済的な工法・施工技術
- メンテナンスフリー化技術
- 取排水系統の再構築手法
- 環境に対する影響緩和，修復技術
- 公共用水域での水質保全，浄化技術
- 安全で良質な水を確保するための浄水の水質管理技術，高度浄水技術
- 渇水に備えたダム・給水施設のより効率的な管理技術
- より低コスト，省エネルギーに対する下水・産業廃水の再生技術，海水の淡水化技術
- 節水型水使用機器の開発・普及
- 水源涵養に資する森林のあり方
- 水を活かした地域の活性化，地域整備のあり方

を産・学・官の協力の下で推進していこうと結んでいる．

4.2 総合流域管理概念とその評価手順の提案

　河川流域の管理からみると，治水計画は高水時の河川流量を，利水計画では低水時の流量を対象として進められてきた．しかし，流域で生じるさまざまな問題に対して，個々に対応をとっているだけで流域全体をどのように扱うのか，という基本概念が明確にされていない．流域においては住宅開発による森林の減少，流出形態の変化，ゴミ処理場や汚水処理場の建設による汚染物質の放出，水田への農薬散布による化学物質の流出が起こっており，これらは河川中での水量，水質問題というより，発生源を含む面的な視点でとらえなければならない．こうした問題を改善するためには，流域管理という概念を新しく設定し，時間的・空間的広がりを持って現状を評価すると共に，最重要改善点の決定とそれに対する改善策の提示が重要となってくる．流域シミュレーションに関しては，流域を部分流域に分割した集中型モデルより，メッシュで構成された分布型モデルが開発されるようになった．加えて，高水から低水までの連続流出モデルとして定式化されている．言い換えると，

流域の時・空間的変化特性を把握できるようになったのである．こうした流域モデルを利用し，水量，水質をはじめとする多目的という意味で総合的な流域管理システムを提案しようというものである．

現在の河川流域管理の現状をみると，「管理」という言葉は，問題が起こったときの対処，つまり個々の問題が生じたときにどのような対策をとるかを目的にしている．一方，ウォータープラン21では，健全な水循環系の構築に向けて，持続的水利用システムの構築，水環境の保全と整備，および水文化の回復と方策をうたっており，まさに河川流域の望ましい発展をめざそうとしている[4]．しかし，具体的な方法論となると，明記されておらず，水利用の安定性の評価とその確保，自然との共生，水文化の回復など曖昧な表現に終始している．そこで，ここでは流域管理を定義するとともに，その達成のための評価基準と最適化手法を提案しようとするものである．まず，流域管理を再定義すると，「流域を全体としてとらえ，水量・水質・生態（環境を含む），などの要求される複数の目的を同時に評価し，他の流域計画・地域計画と調和のとれた状態を達成すること」とすることができる．その達成のためには，時空間的，多目的な評価関数の設定とその評価関数を最適化しうる方法論の提案が不可欠である．以下に流域管理としてとらえるポイントをあげよう．

I) 河川を中心とした面的広がりをもつ地域の水量，水質，生態（環境）等の総合的評価

II) 評価が悪い項目に関しては，最良の方法で改善できるシステム，すなわち効率的なリスクマネジメントの実施システム

III) より多くの目的，あるいは基準を組み込み，社会生活に豊かさを感じる状況の表現（親水性・景観等）

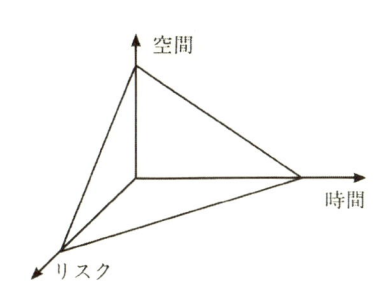

図4.3 対象とする評価軸

さらに，時間，空間，リスクの3側面から見た望ましくない状況は，以下のようにまとめることができる（図4.3）．

1) 時間軸： ● 洪水の氾濫時間の長さとその経済的不利益
 ● 汚染物質の残留時間とその二次的影響
2) 空間軸： ● 工場からの排出汚染物質の広がり
 ● 渇水時の水不足・断水範囲
 ● 洪水氾濫地域の広さ
3) リスク軸：● 破堤危険度の相違
 ● 水量・水質悪化による生命への危険性

このように，流域で生じる問題にはさまざまな要素が存在し，現実に起こる諸問題はそれら要素が複雑に絡み合っており，それぞれの評価軸において単純に比較することはできない．いわゆる総合評価の必要性である．

わが国における生活水準の質的向上や，世界的な環境問題意識の向上など，人びとの生活環境に対する意識は高揚しており，「洪水などの危険性をなくした安全な生活環境づくり」だけではなく，「日常生活に密着し河川に親しみをもてる生活環境づくり」に対しても高い関心が寄せられている．こうした現状から，河川流域計画に関しても，親水性や景観といった新しい要素を導入し，水資源確保，治水対策，水質維持，生態保全，などを対象とした総合的な河川流域管理計画をつくっていく必要がある．

さて，複数の項目を同時に評価した柔軟な流域管理をおこなうため，合理的な評価基準が不可欠である．時間，空間，リスク軸それぞれでの評価値が要求されるわけであるので，ファジイ論的評価概念を導入し，ファジイグレードとして評価値 $EP(i)$ を算出しよう．すなわち，$EP(i)$ は i 地点での評価値として，0から1の間の値として表現され，1に近い方が好ましい状態である．ここで，$EP(i)$ を評価項目別に整理（項目別に記号は変化している）すると，以下のようになる．

a) 高水流量

都市内水路や河川は，流域に設計されている計画確率年の洪水を安全に流すように設計されている．しかし，堤防整備は完備されているとはいいがたく，また，部分流域での開発の結果，一部の河道への流入量が増加し，部分的に氾濫することが想定される．こうした状況のもとでは，高水流量に関しては，平常時流量の場合が1で，計画高水流量に近くなると0となる．その評価値を $FL(i)$ とする．

b）低水流量

水利用の観点から，流域には利用できる最低水量が設定されており，それを確保すべく，流量の調整や新たな水源確保対策がとられている．しかし，流域の開発による土地利用状況の変化，生活習慣の変化などにより，流域の水需要には変化が生じるのは当然である．ゆえに，評価値を $DR(i)$ とすると，その値は河道に必要量があれば 1，深刻な水不足では 0 近くとなる．

c）流量のばらつき

日本の国土は急峻な地形をしており，降水時と通常時の河川流量には，大きな開きがある．しかし，水利用，治水面の両面で考えると，極端なばらつきは侵食や河床変動，生態系の変化などに問題を生じることとなるので，評価値 $ST(i)$ は，河床や生態系への影響をあたえない範囲を 1，深刻な影響をあたえると 0 となる．

d）水質

流域での水利用のため，また環境保全のために，生活・産業排水は処理場で浄化されたり，危険物質の排出が規制されたりしている．今後の流域の土地利用変化を考えると，新しい汚染源の発生は生活環境上，好ましいとはいえない．すると，水質に関する評価 $PO(i,m)$ は環境基準をこえるような場合 0，開発や汚染源がない場合を 1，とすることができる．ここで，m は水質の種類（BOD，COD，T-N など）をあらわす．

e）生態系

流域の生態系は，流域環境保全の観点からすれば，重要な評価要素となる．流域の発展にともなう汚染物質の増加や都市化の進展による環境の悪化などにより，生態系の変化が予想される．具体的な関数形 $EC(i,n)$ や基準値などは，生物種間での共存可能な個体数が水量，水質などの関数として表現されよう．ここで，n は生物種をあらわす．

f）親水

近年では，環境の保全や，流域の安全性の確保だけでなく，より親しみやすい水環境の整備を求める声が高まっており，今後，河岸の整備や河川敷の施設の充実などが進むと思われる．ゆえに，親水は，利用者からみた河川形態や利便性から，好ましい状態が評価でき，$WA(i)$ と表示しよう．

g) 景観

親水性と同様に景観に対しても配慮が払われるようになっており,構造物の形状,配置が視界や地形などの関数としてあらわされると同時に,河川の形状護岸の状況がその地域とどのようにマッチしているかで,評価されよう.ここでは,$ILS(i)$ であらわされるとする.ただし,生態系,親水,景観の基準値や関数の設定は現在検討中であり,以下では議論しない.

ところで,流域での水循環は,時間的・空間的な広がりをもっており,それらの集約が必要であり,最悪値,最悪値の出現回数,基準値をこえる地域分布の3点から検討すると,以下のようになる.

h) 最悪値

最悪値とは,各地点において時系列で求められている評価値の時間軸上での集約である.ある項目の評価値 $EP(i)$ を時間と地点の関数として $REP(i,t)$ で再定義すると,最悪値 EPM は

$$EPM(i) = \min\{REP(i,t)\} \tag{4.1}$$

のように定式化できる.

i) 最悪値の出現回数

出現回数を評価することによって,ピーク値が1回と複数回の場合の相違を把握することができる.頻度が少ない場合は,回復能力があることになる.流域の特性がメッシュ別に表現されているとすると,メッシュ(あるいは地点)i での時間的頻度を用いると出現回数は,

$$EPCOUNT(i) = COUNT(REP(i,t) = EPM(i)) \tag{4.2}$$

となる.ここに,$COUNT(\cdot)$ は出現回数を示す関数である.

j) 基準値を越える最悪値の分布

時間軸での処理が終った後の空間軸上での評価であり,全メッシュに関する集約ということができる.したがって,流域での最悪値(ESB)は,

$$ESB = \min_{i}\{EPM(i)\} \tag{4.3}$$

で求められる.

基準値をこえた最悪値の空間分布が求められるので,全メッシュに対するその割合を流域での評価値とすると,隣接特性は表現できないものの悪い地

点の規模や点在性を表現できる．

k）項目間の集約

最終的に，評価項目は単独でなく，いくつかの要素の組合せとして集約される．例として，治水と利水を考え，治水では高水，利水では低水と水質（BOD）を対象としよう．集約化された流域の評価値（ESB）は

$$ESB = \min_i\{\min_t FL'(i,t), DR'(i,t), PO'(i,t,BOD)\} \quad (4.4)$$

すなわち，まず，河川計画や環境基準に基づきファジィ論的にリスクを表現し，その後，時間軸と目的軸で集約していく手順である．ここに，FL'，DR'，PO' は高水，低水，水質（BOD）の評価値を時空間的に再定義したものである．

l）最適化問題としての定義

流域の現状についての評価がなされるとは，基準値を満たさない，もしくは低い評価が算出された場合，あるいは，将来，要求される評価水準の達成に対しては，対策を立てていく必要がある．こうした計画をたてる際，基準値を満たすように水利用（取水・排水）施設の最適規模・配置を決めることになる．さらに，流域開発に際しても，都市化や施設建設による影響を適切に評価し，最適計画を立案することが要求される．ただし，現実の施設建設・管理においては使用できる予算に限度があるので，費用や1回に建設可能な規模，施設量という制約条件のもとでの最適化問題として定式化される．なお，その詳細はここでは省略する．

4.3 流域環境評価に向けてのシミュレーション

流域の水環境を時空間的に評価するには，分布型の流出モデルによる詳細なシミュレーションが必要になる．小尻らは国土数値情報を基にしたメッシュ型多層流出モデルを構築し，流量から水質までの解析を行った[5]．図4.4は流域内流量および水質の循環系を示したものである．解析対象条件としては，計算期間は1年以上，1年間を通して平常時，降雨時，洪水時のどの状況においても，流域内の水環境状況を把握できることである．

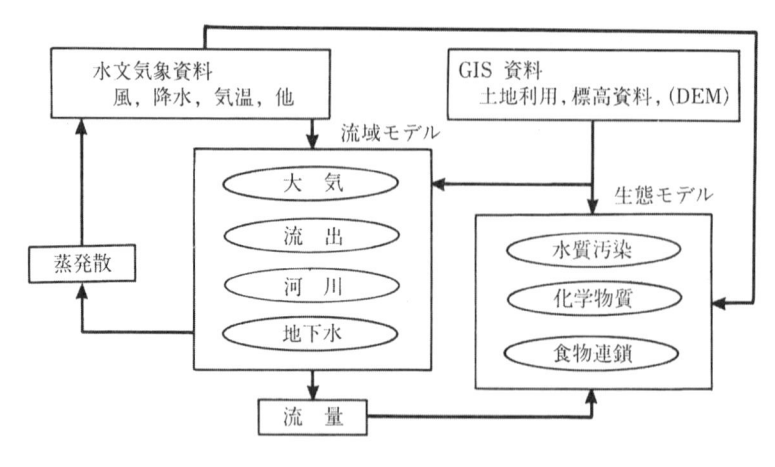

```
┌─────────────────────┐         ┌─────────────────────┐
│  水文気象資料         │────────▶│  GIS 資料           │
│  風，降水，気温，他    │         │ 土地利用,標高資料,(DEM)│
└─────────────────────┘         └─────────────────────┘
         ▲              流域モデル           │
         │        ┌──────────────┐          │
         │        │   ⬭ 大  気 ⬭  │◀─────────┤
         │        │   ⬭ 流  出 ⬭  │          │       生態モデル
┌──────┐ │        │              │   ┌──────────────┐
│蒸発散 │─┤        │   ⬭ 河  川 ⬭  │   │  ⬭ 水質汚染 ⬭  │
└──────┘ │        │   ⬭ 地下水 ⬭  │──▶│  ⬭ 化学物質 ⬭  │◀──┐
         │        └──────────────┘   │  ⬭ 食物連鎖 ⬭  │   │
         │                │          └──────────────┘   │
         │          ┌──────────┐               │         │
         │          │  流  量   │◀──────────────┘         │
         │          └──────────┘                          │
```

図 4.4 水循環系の概念図

4.3.1 シミュレーションモデルの構成

本流域水循環モデルは，水量流出過程と水質移流過程から構成されている．前者では，蒸発散過程，水田流出過程，表面流出・土壌内浸透過程，河川流下過程，取水，および放水過程に分けられ，後者は，水温移流過程と汚濁物質移流過程に分けられる．流域の水分，汚濁負荷物質の空間的分布を推定するために流域を矩形メッシュに区切る．流域のモデル化において，土地利用，河道，標高，下水道，用水路，人口分布の設定をおこなう．土地利用については，同じような流出特性，負荷発生特性の要因を一つにするという方針で，土地利用情報の 12 種類の分類を山地，水田，畑地，都市，水域の 5 種類に再分類する．下水道と用水路については，それぞれ土地利用のうち都市と水田に設置する．

4.3.2 水量流出過程

流出過程における適用条件と仮定は以下のとおりである．
- 平面分布型としてメッシュ型モデル，鉛直分布型として多層モデルを用いて流域特性を 3 次元的に表現したメッシュ型多層流出モデルを適用する．
- 鉛直方向には 4 段の層（A～D）を配置する．
- 河川，地表面においては Kinematic Wave Model を適用する．

- A層〜D層には，線形貯留モデルを適用する．
- 10分単位で流出量を算定する．
- 都市と水田においては，メッシュの中央に一本ずつ，それぞれ下水道と用水路を設置し，表面流を流入させ，Kinematic Wave Modelを適用する．
- 中間流からの復帰流，すなわち，表層中の中間流の水深が表層の厚さに達すると，地表流が生ずるものと考える（図4.5）．

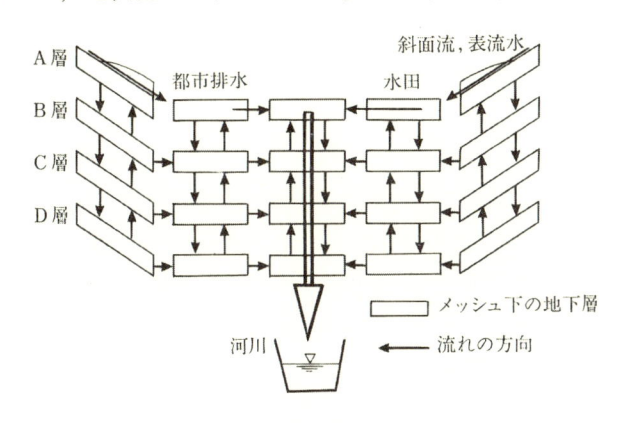

図4.5 多層構造の概念図

a) メッシュサイズの決定

対象流域に対してメッシュサイズが小さすぎる場合は，莫大な計算時間や記憶容量の不足が考えられる．また，メッシュサイズが大きすぎる場合は，流出量と水質の計算において，誤差の増大や細部での出力を把握できない場合がある．したがって，対象流域の規模と解析目的に合った適切なメッシュサイズが要求される．

b) 入力データの整備

国土数値地図50mメッシュ（標高）から各メッシュの格子点の標高値を得て，各メッシュを形づくる4格子点の平均値を各メッシュの標高値とする．

c) 疑河道網の設定

斜面と河道を分離したモデルを作成することにより，河道特性をより良く表現することを試みる．たとえば，メッシュ内に1本の河川が現れるようにすると，1/25 000の地形図では河道位数3以上が残ることになる．作成した

疑河道網において地形則を適用し,各位数ごとに算出された平均勾配を河床勾配とする.この位数(次数)は Holton–Strahler により定義されたもので,上流端河道を1として合流ごとに数値が増加する.

d) 河道幅の設定

河道の縦横断データ(200 m ごと)を用いてメッシュごとに河川幅を設定する.疑河道網のうち,縦横断データのない部分は,同じ位数をもった河道の幅を平均した値を用いる.

e) 落水線図の作成

整備し終わった標高データを用いて,流域に降る雨滴を隣接するメッシュ間4方向で最急勾配方向に追跡する.ここで描いた落水線は,標高データだけに依存しているので,標高データをメッシュサイズに変換する際の誤差などによって,逆勾配,窪地あるいは不連続な落水線が発生する場合がある.このようなときには,用いた標高データの基本単位(「国土数値地図50 m メッシュ(標高)」の場合は10 cm)分だけの落差となるように標高データを修正する.

f) メッシュ傾斜角の計算

落水線方向に隣接するメッシュ間の標高差 ∂h とメッシュ幅 L を用いると傾斜角 Inc は

$$Inc = \tan^{-1}\left(\frac{\partial h}{L}\right) \tag{4.5}$$

で表現される.また,用水路と下水道は以下のように設定する.すなわち,

i) 各地表メッシュについて土地利用データより,分類4(都市)の面積を算出する.

ii) それを一辺がメッシュ幅となるような長方形に置き換える.

iii) その長方形の長辺の中央に短辺方向に下水道(雨水管)を1本設置する.分類4(都市)への降雨はすべてこの下水道(雨水管)に流入するものとする.

iv) 家庭排水と工業排水のうち,下水道普及率分は下水処理場を経て河川に流入するとし,残りは浄化槽を経て下水道(雨水管)に入るものとする.

まず,表流水や河川などの流出,流下計算をおこなう際に用いる Kinematic Wave Model はつぎのように定式化される.

$$\frac{\partial h}{\partial t} + \frac{\partial q}{\partial x} = r(x,t) \tag{4.6}$$

$$q = \alpha h^m \tag{4.7}$$

ここに，h は水深 (m)，q は単位幅あたりの流出量 ($\mathrm{m^3/s}$)，$r(x,t)$ は単位幅あたりの横流入量 ($\mathrm{m^3/m \cdot s}$)，x は斜面における流下方向距離 (m)，α, m はそれぞれ流れの抵抗に関する定数である．つづいて，地下水は，線形貯留モデルとして以下のようになる．

$$\frac{dS}{dt} = I - O \tag{4.8}$$

$$O = kS \tag{4.9}$$

ただし，S は貯留量，I は流入強度，O は流出強度，k は透水係数である．

4.3.3 水質移流過程
(1) 水温移流過程

地中温度を一年間通してみると，平均温度は年平均気温にほぼ一致している．また，ある深さに達すると，1年中ほとんど変化しなくなる．この層を恒温層という．日本での恒温層深度は，12～14 m であることが知られており，本モデルでは，D 層（図 4.5 参照）の基底の深さを約 15 m としていることから，D 層内地下水温を一定と置くことができる．いま，地中水温は地中温度と等しいものとすると，深さ y (m) なる点での地中温度は，

$$\theta_g(y,t) = \theta_0 + \Delta e^{-y\sqrt{\frac{\pi}{\chi T}}} \sin\left(\frac{2\pi}{T}t - y\sqrt{\frac{\pi}{\chi T}}\right) \tag{4.10}$$

となる[6]．ただし，θ_0 は年平均気温（°C），T は周期（365 日），χ は地中での熱の拡散率（$0.04\,\mathrm{m^2/日}$）である．Δ は地表面温度 T_s の時系列変化を sin カーブに近似したときの振幅で，分割したメッシュごとに数値としてあたえられる．そこで，各層から流出する地下水温は，得られる地中温度に等しいとする．都市から流出し下水道（雨水管）に流入する水は非常に流出速度が速く，あまり外界からの影響をうけないため，降雨温度と等しいとする．一方，下水道（汚水管）のうち，下水処理場ではなく，浄化槽を経て直接河川へ流入するもの，つまり，家庭排水のうち（1 − 下水道普及率）分の水温は，各市町村の下水処理場への流入水の温度と等しいものとする．また，降雨温

度は一般的に湿球温度に等しいとみなす.

　水田における熱収支の要素として,降雨,大気,河川からの灌漑用水がある.水面での大気との熱収支は,蒸発散過程での水面熱収支式を応用する.河川からの灌漑用水温度は,取水地点の河川温度とする.つまり,灌漑用水が取水地点から水田に至る間の熱収支は無視できるとみなす.

　結局,河川水温度を推定する基礎式は,熱の移流過程を考慮すると以下のようになる.

$$C\rho D_Y \left(\frac{\partial \theta_{\text{riv}}}{\partial \theta}\right) = H_0 + \frac{C\rho}{A_W} \sum_v q_{Iv}(\theta_{Iv} - \theta_{\text{riv}}) \qquad (4.11)$$

ただし,C は比熱(cal/g·°C),ρ は密度(1.0×10^6 g/m^3),D_Y は平均水深(m),θ_{riv} は河川水温(°C),H_0 は単位面積あたりの水面熱収支量(cal/m^2·s),A_W は水面の面積(m^2),q_{Iv} は要素 v からの流入量(m^3/s),θ_{Iv} は流入水温(°C)である.

(2) 汚濁物質移流過程

　適用する汚濁負荷流出モデルは,水量流出過程で得られた時系列的な水の分布,移動情報を用いて,汚濁負荷物質の挙動をその溶存態と堆積態を考慮したうえで追跡するものである.汚濁物質としてT-N(総窒素;total nitrogen),T-P(総燐;total phosphorus),COD(化学的酸素要求量;chemical oxygen demand),BOD(生物化学的酸素要求量;biochemical oxygen demand)などを解析対象とすることができる.

　汚濁負荷発生源からの汚濁負荷量は原単位で求める.汚濁負荷発生源は,点源(点的発生源;point source)と面源(面的発生源;non-point source)に分けられる.点源とは工場や家庭の特定発生源のことであり,廃棄物の処理・処分方法の改善や下水道整備などによって低減させることができるものをいう.一方,面源とは,大気中の浮遊物,煤塵,粉塵や,これらが降雨に溶解した汚濁物質,都市内を移動する交通等によって排出される排気ガスやごみ,ほこり,タイヤかす,アスファルトかすなど,発生場所が特定できないものをいう.工場,家庭からの排水で下水処理場を経ないものは,合併浄化槽,農業下水道あるいは単独浄化槽のいずれかを通って河川に流されるとする.合併浄化槽や農業下水道を経た汚水は,浄化槽の原単位と取水放水過程で求めた1人あたりの汚水排出量を用いて排出濃度を算定し,単独浄化槽に関して

は，一般的に屎尿放出量 Q_{so} が 45 L（40〜50 L）であることを利用する．結局，各放出濃度は以下のようになる．

$$C_{\mathrm{com}} = \frac{L_{\mathrm{pcom}}}{Q_{\mathrm{sew}}} \tag{4.12}$$

$$C_{\mathrm{ag}} = \frac{L_{\mathrm{pag}}}{Q_{\mathrm{sew}}} \tag{4.13}$$

$$C_{\mathrm{so}} = \frac{L_{\mathrm{pso}} + C_{\mathrm{dis}} Q_{\mathrm{sew}} - C_{\mathrm{soin}} Q_{\mathrm{so}}}{Q_{\mathrm{sew}}} \tag{4.14}$$

ここに，C_{com} は合併浄化槽放流濃度（mg/m³），L_{pcom} は合併浄化槽 BOD 原単位（mg/人日），Q_{sew} は 1 人 1 日あたりの汚水放出量（m³/人日），C_{ag} は農業下水道放出濃度（mg/m³），L_{pag} は農業下水道原単位（mg/人日），C_{so} は単独浄化槽放流濃度（mg/m³），L_{pso} は単独浄化槽原単位（mg/人日），C_{dis} は下水処理場流入濃度（mg/m³），C_{soin} は単独浄化槽流入濃度（mg/m³），Q_{so} は 1 人 1 日あたりの屎尿放出量（0.045 m³）である．

面源としては，土地利用ごとに原単位をあたえ，各メッシュの原単位を土地利用の面積率で求める．すなわち，

$$L_{\mathrm{np}} = \frac{\sum L_{\mathrm{np}u} A_u}{A} \tag{4.15}$$

である．ただし，L_{np} は面源由来の汚濁物質負荷投入原単位（mg/m² 日），$L_{\mathrm{np}u}$ は土地利用 u での面源由来の汚濁物質負荷投入原単位（mg/m² 日），A_u は土地利用 u の面積（m²），A はメッシュ面積（m²）である．

さて，面源由来の堆積物の掃流量 L_{swp}（mg/h）は，Q_h の 2 乗に比例するものとすると，

$$L_{\mathrm{swp}} = k_{\mathrm{wnp}} P_{\mathrm{np}} Q_h^2 A \tag{4.16}$$

となる．ここに，Q_h は水平流出高（m/h），k_{wnp} は面源由来の掃流係数（h/m²），P_{np} は面源由来の堆積汚濁負荷物質量（mg/m²）とあらわすことができる[7]．堆積物が掃流すると，隣接する媒体に供給されるものとする．また，流出要素 v からの流出負荷量 $L_{v\mathrm{out}}$（mg/h）と流出要素 w から v への流入負荷量 $L_{v\mathrm{in}}$（mg/h）は，

$$L_{v\mathrm{out}} = \sum C_{vi} Q_{\mathrm{out}} A \tag{4.17}$$

$$L_{vin} = \sum (C_{vi}Q_{\text{in}}A + L_{\text{swp}}) \tag{4.18}$$

となる．なお，C_v は要素 v の汚濁物質濃度（mg/m^3），Q_{out} は要素 v からの流出高（m/h），Q_{in} は要素 w からの流出高（m/h）である．堆積，掃流，浸透，蓄積，溶脱などの汚濁物質の挙動は，各過程で定式化されているので，ここでは省略する．

水域に流入した有機物質（たとえば COD，BOD）は，生物学的分解，沈殿，吸着などの作用により減少していき，これを河川の自浄作用と呼ぶ．汚濁物質の減少をつぎの 1 次減少反応式で近似した場合，その減少速度係数を自浄係数といい，河川内水質濃度 $CR(t)$（mg/m^3）は

$$CR(t) = CR(0)e^{-GKt} \tag{4.19}$$

となる．ただし，t は時間（日），GK は速度係数（自浄係数）（1/日）である．自浄係数は河川の状況，汚濁源の状況によって大きく変化し，0.05～10（1/日）の範囲のものが実測されている．河川水中での有機物質の減少は生物学的な分解など有機物質の減少に応じて水中の DO（溶存酸素）を消費するものと，沈殿など DO を消費しないものに分けられる．前者を脱酸素係数と呼び，実験室内で測定することができるが，後者は実河川での測定が不可欠である．

4.3.4 実流域での適用と考察

図 4.6 は，ある洪水での河川流量の出力例で，流域最下流端での観測値との比較結果である．10 分単位で通年での解析のあと，洪水流量を比較するために特定の箇所をとり出したものである．高水，低水を連続して計算しており，洪水時の初期水分量を考慮する必要はなく，水文学的な流域状態の連続性を確保できる．

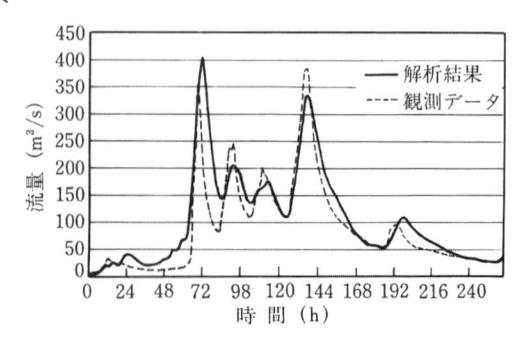

図 4.6 洪水時における最下流端での河川流量

図 4.7 は，8 月における流域内

と河川での水分をあらわしたものである．すべての時間での空間分布を表示するのは記憶量が膨大で非効率であるが，低水時の乾燥地域，高水時の氾濫（危険）地域などの把握が容易になる．

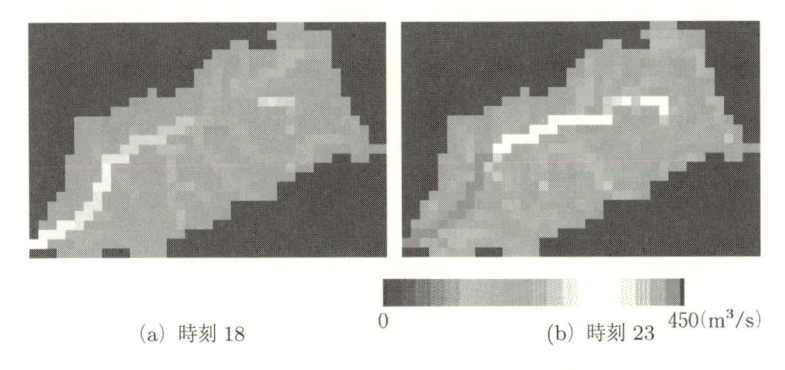

(a) 時刻 18　　0　　(b) 時刻 23　　$450(\mathrm{m}^3/\mathrm{s})$

図 4.7　流域および河川流量の空間分布

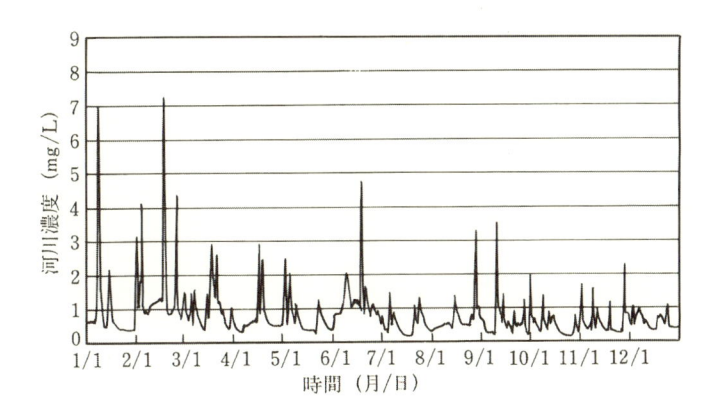

図 4.8　河川内最下流地点での BOD 濃度

図 4.8 は最下流地点での河川の BOD 濃度である．高水によるフラッシュ効果や低減部での水質変動が理解できる．これも空間分布としてとらえることができ，水質悪化地点や汚濁物質発生地点の特定をすることができる．

図 4.9 も同じく河川水温の時空間表示である．季節的な水温変動による水生生態系への影響を想像できる．今後，リアルタイムでの水質情報による汚染源の特定化や河川水深・幅がもたらす水生生物の生存特性，および酸性雨などの大気との連携のモデル化をはかり，詳細な流域環境評価をおこなう必

(a) 5月   (b) 8月

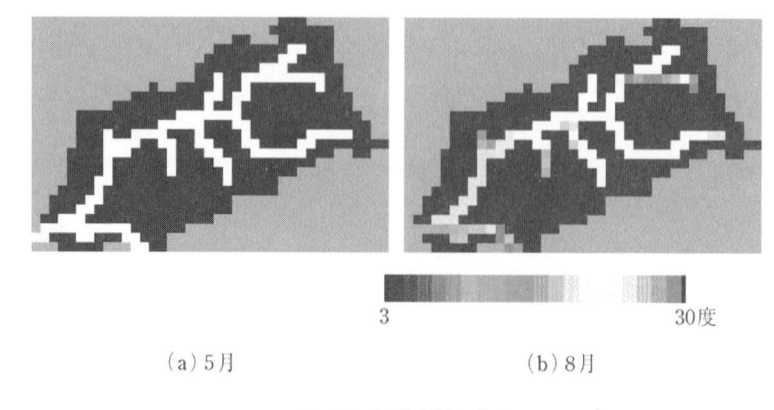

図 4.9　河川水温の分布

要がある．しかし，こうした解析出力の時空間的連続性は，流域内での危険地域の把握が容易になり，総合流域管理における施設の配置・規模決定への重要な指標となろう．

4.4　今後の課題

本章では，健全な水循環，持続可能な水管理といわれている水資源問題に対して，川からみた水資源分布と流域としての管理方針への提案をまとめた．総合的な流域評価に関しては，多評価軸としてファジイ論的評価概念の導入をはかり，流域全体での時空間解析として，長期かつ多項目流域シミュレーションについて検討した．しかし，まだ初期段階での展開であり，今後，

(1)　大気－水域－地下を含んだ3次元シミュレーションの開発
(2)　水循環と水利用の相互関係を考慮しうる管理モデルの開発
(3)　都市，農地などでの詳細な水利用形態の再現
(4)　水量，水質，生態から社会・人間工学的な水評価の定式化
(5)　地球規模での気候変動と水利用を組み込んだ大水循環モデルの提案

に向けての研究が進み，そうした広範かつ総合的な解析結果からの対策，提言が期待される．

参考文献

〔1〕 平成 11 年度版 日本の水資源, 国土庁長官官房水資源部 (1999), p.72
〔2〕 水文・水資源学会編:水文・水資源ハンドブック, 朝倉出版 (1997), pp.384–387
〔3〕 新しい全国総合水資源計画 (ウォータープラン 21), 国土庁 (1999)
〔4〕 笛田俊治:新しい全国総合水資源計画と今後の水資源政策について, 河川 (1999), pp.28–36
〔5〕 小尻利治・東海明宏・木内陽一:シミュレーションモデルでの流域環境評価手順の開発, 京都大学防災研究所年報, 第 41 号 B-2 (1998), pp.119–134
〔6〕 新井正・西沢利栄:水文学講座 10　水温論, 共立出版
〔7〕 国松孝男・村岡浩爾:河川汚濁のモデル解析, 技報堂出版 (1990), pp.166–171

第5章 地下水と水資源

5.1 水資源としての地下水の復権　93
　　5.1.1 わが国の地下水の利用状況　94
　　5.1.2 流域の涵養メカニズムの変化と地下水資源の減少　95
　　5.1.3 中・下流域での地下水取水量の増加　96
　　5.1.4 取水規制区域の地下水再評価　96
　　5.1.5 持続可能な地下水資源の蘇生のための利水概念の改革　101
5.2 雨水浸透促進施設設置による地下水資源の蘇生　101
　　5.2.1 湧水湧出量と先行降雨の涵養効果　101
　　5.2.2 雨水浸透マスによる涵養効果　102
5.3 土壌・地下水汚染　111
　　5.3.1 土壌・地下水汚染の現状　111
　　5.3.2 土壌・地下水汚染浄化および除去対策　112
　　5.3.3 地下水質モニタリングシステムの必要性　114
5.4 まとめ　115

5.1 水資源としての地下水の復権

5.1.1 わが国の地下水の利用状況

わが国における年降水を約 1 800 mm とすれば,国土の降水量はおおよそ 6 800 億 m^3/年になる.これから 1996 年(人口 12 500 万人)の国民 1 人あたりの量を算出すると 5 400 m^3/年となる.これは国連の報告書などによると世界の国々の平均の約 25 %にすぎない.

表 5.1 わが国の地下水使用状況

用 途	地下水使用量 (億 m^3/年)	地下水用途別割合 (%)	全水使用料 (億 m^3/年)	地下水依存率 (%)
生活用水	38.1	26.0	163.6	23.3
工業用水	43.2	29.4	137.7	31.4
農業用水	38.8	26.4	589.7	6.6
合 計	120.0	81.8	890.9	61.3
養魚用水	17.0	11.6	—	—
建設物用水	9.6	6.5	—	—
合 計	146.6	100.0		

一方,地下水の国民 1 人あたりの年間最大使用可能量は,1 人あたり降水量 (5 400 m^3/年) の 25 % (1 700 億 m^3/年) がわが国の地下水資源となるものと推算できることから,1 360 m^3/年となる.日本における 1 人あたりの年平均水使用量 118 m^3(323 L/日として) をすべて地下水に依存するとすれば,地下水涵養量の約 8.7 %を使用することになる.わが国における 1995 年ごろの地下水使用量は,生活用,工業用,農業用の各用水合計は 120 億 m^3/年で,これに養魚用,建築物用を合わせると約 146.6 億 m^3/年となる.生活用,工業用,農業用の全水使用量に占める地下水の割合は**表 5.1** のとおりである.全地下水使用量約 146.6 億 m^3 は全地下水涵養量の約 8.6 %に相当し,国民 1 人あたりに換算すると 117.3 m^3/年となり,生活に必要な 1 人あたりの実績年間平均水使用量(多水源)118 m^3 に近似する.

地下水を資源的に評価するとき,基本的には地下水盆,あるいは地下水域単位の循環系でその収支がどうなっているかが最も重要となる.持続可能な

水資源として地下水利用が可能であるためには，地下水盆，あるいは地下水域単位の水量の収支バランスが維持され，地下水の特徴である水温，水質などの要素の安定性が保証されなければならない．地下水が水資源として高く評価されるのは，水量，水質，水温およびコストの4つの点で河川水，湖沼水などの地表水にまさっているためである．この水収支と諸要素の安定のためには，循環の速度と量を的確に把握し，その範囲内での水利用が必要となる．

しかし，これら4要素は，わが国の地質構造，地形形態から起因する地下水の涵養機構や，水の利用形態（水利権，法律の不備，行政権など）の複雑な要素が重なり，加えて河川流域単位の諸要素の影響を複雑にうけて問題が生起している．また，従来の利水は，一般的に，河川水は河川流域単位，地下水は行政単位が重視され，自然の涵養システムとは無関係におこなわれてきたのが実情で，この点の問題解決が今後の水資源評価対策の展開に大きく影響してこよう．

そこで，まず，今日的地下水問題を整理し，量，質ともに脆弱化した地下水は，21世紀の水資源として復権できるか，あるいは，恒久的水資源としての地位を維持するためにはいかなる方策が考えられるかについて，上・中・下流ごとに概観する．つぎに，下流域にある日本最大の都市である東京都の地下水問題と，日本における都市河川の縮図的な存在にある東京都野川流域における地下水資源の再生促進策とその効果について述べる．

5.1.2 流域の涵養メカニズムの変化と地下水資源の減少

最近，わが国の河川の中で降水量が減少傾向にあるにもかかわらず，年間の河川流量が増加傾向を示すものがある（手取川など）．一方，日本海側の河川において，豊水期にあたる梅雨，台風，融雪の時期の流量が従来よりも増加し，渇水期の流量は減少傾向を示す．洪水期の余剰水が増え，乾水期の水量が減る傾向を示していることになる．その理由は，発電，灌漑水など，流域外からの導水や，涵養源である上・中流域における森林の減少（耕地，牧草地，ゴルフ場などの開発による）・荒廃（裸山），圃場・河川・灌漑水路などの整備，下流域の都市化，工場団地化，舗装化などの拡大により雨水，融雪水，灌漑水が地下に浸透しにくくなったため，河川への表面流出が増大したことや，土壌水分，地下水量，蒸発量などが減少したため，無降水期の河

川の流量の涵養源である地下水・湧水が減少（河川の基底流量の減少に相当）したことなどによるものである．

5.1.3 中・下流域での地下水取水量の増加

地域により違いがあるものの，基本的には，用水型工場が臨海大都市圏から地方都市や内陸部へ移転したこと，地方都市の近代化などにより地下水への依存度が高まったことなどが，地下水位降下，地盤沈下，地下水の塩水化などの地下水障害を地方都市や内陸都市において生起させた主因となっている．これらの都市においては，現在でも用水の水源を地下水に依存しているうえ，地下水取水地点の集中による地下水収支のバランスが崩壊している．さらに地下水盆の涵養メカニズムと無関係な行政区域単位に制約された地下水取水がおこなわれているため，従属的地下水障害が発生している．

石川県の手取川下流工業地区の根上町にはICゲーム機製造業や染色業など，良質の水資源を多量に使用する用水型工場が多く分布する．これらの企業は，根上町が町の活性化のために日量 3 000 m³ の地下水取水を自治体側と条文で取り決めて 1955 年（昭和 30）から 40 年かけて 28 社が誘致されたものである．最近，当該地域の地下水位が操業当時に比べて 4 m 降下し，海面下 −10 m になったばかりでなく，地盤沈下や塩水化（海水の 10 分の 1 濃度，10 年前の 5 倍）が進み，工場閉鎖か縮小策を考えざるを得ない状況に追い込まれている．経営者側は 2.5 倍の増産を計画し町側に地下水取水増を要望しているが，町側としては，地盤沈下，塩水化などの事情により簡単に応ずることもできず，対策をうち出せずにいる．冬期間だけは農業用井戸からの代替水源で急場をしのいでいるが，本質の解決に至っていない．対策としては，節水，地下水資源を公共化して有料にする，上流域に森林を増やす，積極的地下水涵養策（水田での冬期余剰水による地下水涵養）を講ずるなどの方策しかなさそうである．

5.1.4 取水規制区域の地下水再評価

近年，東京をはじめ大都市域において地下水位が上昇し，地下工事や地下建造物に下方からの水圧が増加し，耐震上障害となるという新たな地下水問題が発生している．これは，昭和 30 年代に制定した工業用水等規制法により

取水が制限された効果があらわれたためであろう[1]．このことから，取水規制を緩和し，資源として利用させてはどうかという意見が出はじめていると聞く．

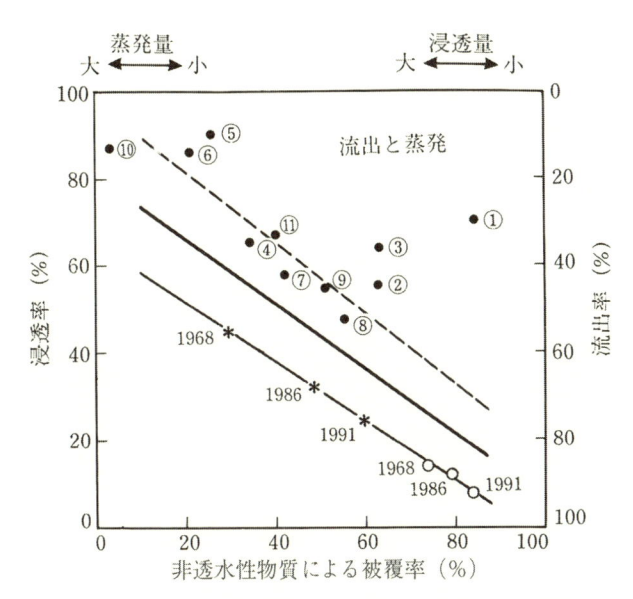

図 5.1 非透水地表の面積と雨水浸透率

しかし，大都市圏の地下水は，非透水性物質による地表の被覆率が 86％にもおよぶ地域が広く分布し，降雨が地下に浸透する割合が 10％を割る地域が多く，脆弱な地下水環境にある（**図5.1**）．また，ビルの地階，地下商店街，地下鉄，地下駅，地下変電所，地下道路，洪水調整用雨水地下貯留トンネル，上・下水道などの地下構造物の増加により，従来，地下水を賦存していた土

壌や地層（帯水層）が建設廃土として排出され（図5.2），地下水の涵養・流動など，循環メカニズムや地下水の賦存量と循環量はいちじるしく損失あるいは減少している．

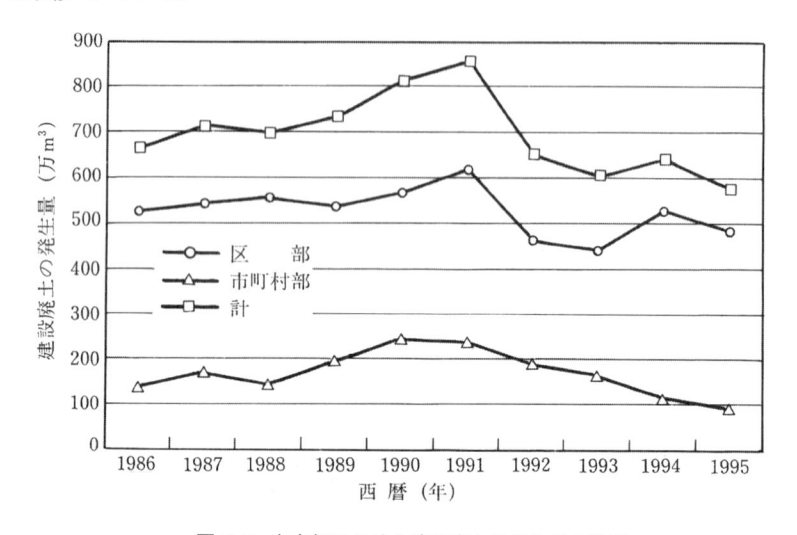

図 5.2　東京都における建設廃土の発生量の推移

　東京都において発生した年間の建設廃土は，バブル経済崩壊後減っているものの，1986年から1995年までに区部で5256万 m^3（年平均530万 m^3），多摩地区で1683万 m^3 発生し，合計6939万 m^3 におよぶ．これにともなって，地下水を含むことのできた土壌間隙が年間平均191万 m^3 減少し，11年間で合計2100万 m^3 失われた．これは，比産出相当量（有効間隙15％と仮定）に換算すると約1050万 m^3 の水がめが損失していることになる．すなわち，このことは，地下の水が循環する空間が失われたことを意味し，地下水の流動系と収支上のメカニズムが脆弱になっていることを示唆する．そのため，東京の地下水は，賦存量が減少し，循環速度も速まる傾向にあり，地下水位の昇降反応が敏感になっている．
　このようなことから，大都市の地下水位の上昇は，帯水層容積の減少などに生起する，いわゆる見かけの上昇水位（コップの中に石を入れたような現象で地下水位が上昇していること）であると理解する方が合理的である．局地的に地下水位が上昇しているところもあることを理由に，全域が元の地下水

環境に回帰したかのように受け取るべきでない．浅層地下水位や湧水などは依然として回復していないところがほとんどである．しかし，一部の地域で地下水が上昇し，建物の一部に耐震上問題があり，大都市部における地下水を利用できる方向に規制を緩和することも今後考えられるので，適切な調査とシミュレーションの結果を待たなければならないことを指摘しておく．もちろん，取水量の減少が，東京の地下水位上昇の大きな要因となっていることは事実であるが，そのことは，地下水環境の回復をただちに意味しないことを再度強調しておきたい．

東京の地下水の取水量（**図5.3**）は，1970年（昭和45）をピーク（約150万 m^3/日）に減少しつづけ，昭和61年から今日まで60万 m^3/日～70万 m^3/日を推移している．これは東京臨海地域に工業用水等規制法の効果のあらわれであると考えられることを前述したが，深層地下水位は1966年まで降下しつづけ，同年に最低（約 $-58\,m$，井戸によってはストレーナー以下）を示した後上昇し，1998年時には最大約25m（南砂町第1観測井）から約45m（江東区の吾妻B観測井）も回復し，安定の傾向にある．

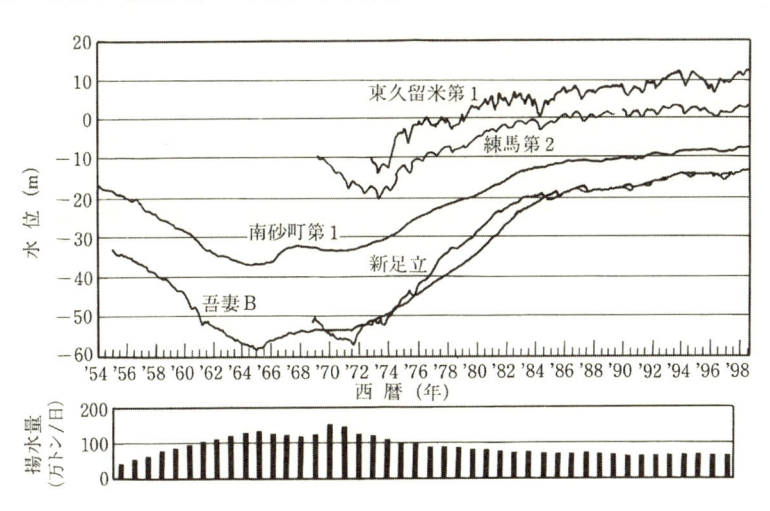

図5.3 東京都の深層地下水位と揚水量の経年変化

一方，地層の収縮量は，1300 mm におよぶ観測井戸も出現し，一部の地域では，地盤沈下は累計6～8mに達するものさえあらわれたが，その後，徐々

に回復している.東京都の水収支と循環速度を総括すると図5.4のようになるが,都市域における地下水への涵養量が減少していても地下の土地利用状況が現状のまま凍結され,取水量も現状の 40～50 万 m^3/日におさえられるならば,地下水の収支バランスがとれて,地下水障害はこれ以上悪化しにくいものと考える.

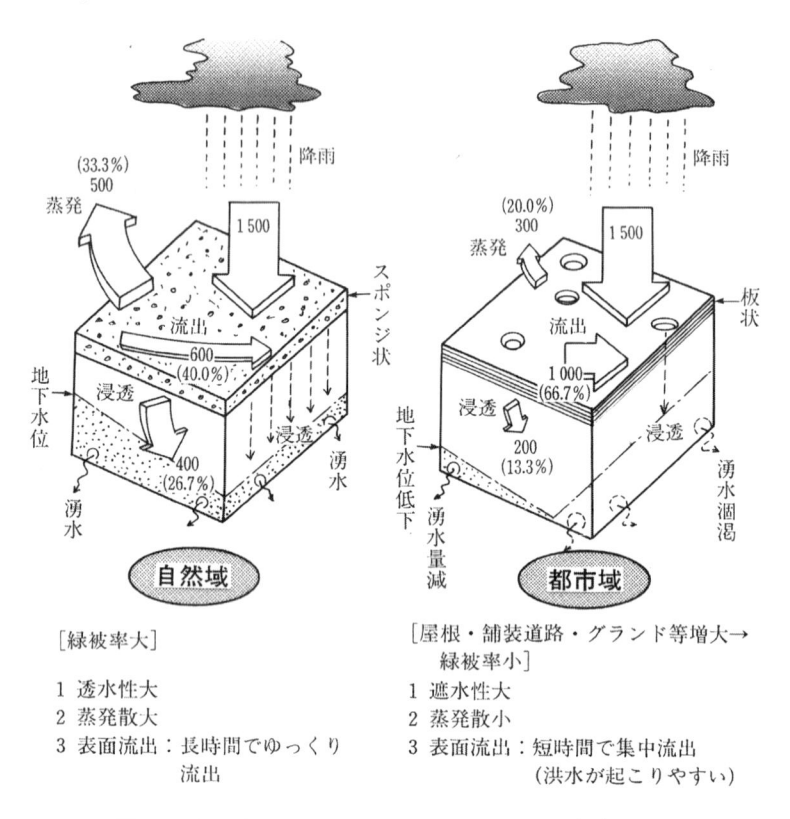

図 5.4 自然域と都市域の水収支と循環速度の相違[18]
単位:mm,( ) 内は降雨に対する割合

　図 5.4 は,東京都における都市地域と自然域の水循環系における収支をモデル化したものである.平均降水量を 1500 mm とすると,自然地域においては降水比で,地下浸透率 27 %(降水量にして 400 mm に相当),表面流出率 40 %(同 600 mm),蒸発散率 33 %(同 500 mm)に対して,都市域は,浸

透率が 13 %（同 200 mm），蒸発散率が 20 %（同 300 mm）と少なくなることから，流出率が 67 %（1 000 mm）と増大する．このため，降水は短時間で集中・流出型となり，洪水が発生しやすくなり，地下水位の低下と湧水の涸渇や地盤沈下，ヒートアイランドなどが生起しやすくなる．

5.1.5 持続可能な地下水資源の蘇生のための利水概念の改革

安定した地下水環境を維持しながら，持続的利用が可能な水資源としての地下水を確保するには，つぎのような施策が必要となろう．

たとえば，地下水消費の抑制とリサイクル利用，公的資源として位置づけて利用を有料化，地下水の涵養区域と速度・量・流動系などを考慮し行政単位を超越した広域水資源区の設定と利水・保全計画の策定，地下水涵養型貯水池の開発，河川維持水位の確保・透水諸施設などの設置促進，上・中流域での地下ダム・河川敷伏没水ダム・河口・沿岸ダムなどの貯水法の開発，水源涵養林の保全と管理，涵養の促進法の開発，送水効率重視型の灌漑水路等の三面張りの改良と透水性灌漑水路の普及とその農閑期通水による地下水涵養，火山体・扇状地・砂丘地での地下浸透貯留の促進，雨水の浸透と貯留の併設型施設の普及（浸透マス，透水性舗装，雨水利用など）などが考えられる．

以上の提案のなかには実現性が低いものも含まれているが，真に水不足となればほかに方法がないものと考える．オランダ，ドイツ，アメリカなどでは，河川水を地下水涵養に使って地下水を増やすことで，渇水期や非常用はもとより，日常の水源としても利用する習慣が数十年も前からある[2]．

基本的には，人間の健全なる健康が維持できる安定した自然環境の確保のために，環境維持資源として位置づけ，非消費の水資源を保全しつつ利用することである．

5.2 雨水浸透促進施設設置による地下水資源の蘇生

5.2.1 湧水湧出量と先行降雨の涵養効果

湧水の湧出量が減少したり，涸渇する現象は，収入である降水と，支出である湧出や地下水取水などの収支バランスの崩壊によって起こる．そこで，東

京都野川流域の世田谷区4丁目みつ池における浅層地下水の取水量と深層地下水への涵養が一定して変化がないものと仮定した場合，湧水の先行降雨効果を過去11年間（1988年～1998年）にさかのぼって試算した．先行降雨と湧水量の相関度は，湧水地点によってことなるが，野川流域では冬期間の湧水湧出状況は，総じて湧出直前86日間（図5.5，みつ池湧水Ｉ，決定係数R^2：0.81）から68日間（図省略）の降雨状況に最も影響されていることが明瞭にあらわれた．

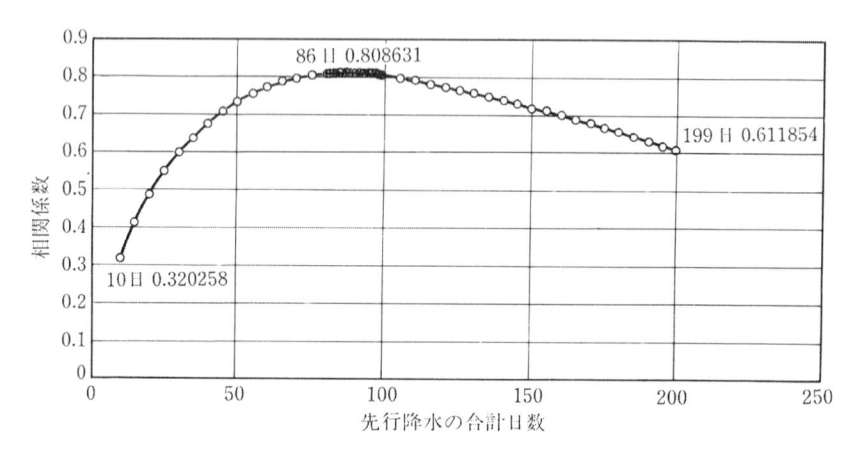

図5.5 みつ池の湧出量に影響を与える先行降雨の加積日数と相関図（高村，未発表）

図5.5は，前86日間の先行降水が大略300mm以下のときには湧水の量が涸渇するか，激減したときのものである．また，この湧水地点の高度と涸渇前3ヶ月間の降水量の関係は，地下水位が海抜31.7mまで降下すると湧き頭の位置と段丘崖高の関係で湧水が涸渇し，その状態になるには前降水量が約200mm以下であることが判明している．また，涸渇した場合，湧出現象の再開は涸渇期間の降水の量に影響され，その期間の長さも決定される．

5.2.2 雨水浸透マスによる涵養効果
(1) 浸透マスのモデル仕様と設置基準
脆弱化した地下水環境や涸渇した湧水の再生には，雨水を浸透マスや透水性舗装をとおして浸透させることが長期的にみると効果がある．

浸透マスの様式や構造は，設置する場所や施設の規模等によりことなる．一般の住宅の屋根から雨樋により集水する形式の施設の構造モデルとしては，平面積約 110 cm^2（内径 35 cm），深さ 60 cm の多孔透水性マスを地表面下に掘った 65×65×70 cm（深さ）の透水シートで枠組みした穴に挿入し，マスの底と周りに砂と大きさ 3〜4 号の砕礫を充填するものが一般的である．一つの家（あるいは施設）に複数の浸透マスを設置する場合には，マス間に透水性トレンチを掘り，透水シートを敷き，砂礫を充填してそのなかに卵形有孔管を埋め込み，浸透マスに連結する．

雨水浸透マスの規模は，降水の降り方，集水する屋根の面積，雨樋の大きさ，周辺の土質，地形等により決定される．野川流域の場合，関東ローム層の性質と層厚を考慮して，屋根の面積 30〜50 m^2 あたり 1 基が適切であろう．野川流域の集水・浸透の目安は，一般住宅の場合では 10〜20 mm/hr，大規模施設の場合では 30〜50 mm/hr が一般的なようである．この施設仕様では，屋根に降った年間降水雨量のうち約 1200 mm が雨樋で集水され，浸透マスを通して地下に浸透されることになり，その地下水への涵養量は 1 基あたり 36〜60 m^3/年と試算される[3]．

施設設置の助成状況を紹介しておくと，助成の限度額を設けない場合と，限度額を設けて助成している例（1 件 40 万円の例から 6 万円の例まである）があり，自治体によりことなる．

(2) 雨水浸透マスの設置状況とその地下水涵養量

野川上流域のハケ（崖）の湧水保全のために効果があると思われる雨水浸透マスの設置は，近傍の市・区によって拡大されている．設置状況と涵養量は，国分寺市，小金井市，三鷹市，調布市の 1988 年以降の例を紹介する．

図 5.6 は，小金井市が 1988 年以降毎年 3000 基弱を計画的に設置しつづけ 1998 年には 32 951 基および，その数は野川流域でトップである．ついで，三鷹市 19 892 基，世田谷区 6523 基，調布市 5583 基，国分寺市 2738 基の順である．これら区・市における設置基数の合計は 67 687 基になる．小金井市はこのまま基数の増加策を続けることにより，当該地域における開発にともなう非透水性物質の被覆率の増加にもかかわらず，湧水の一雨効果が漸増するものと考える．三鷹市における雨水浸透マスの設置は，1995 年からであるが，毎年の設置数が多いことから，このまま続けることで将来おおいに効果

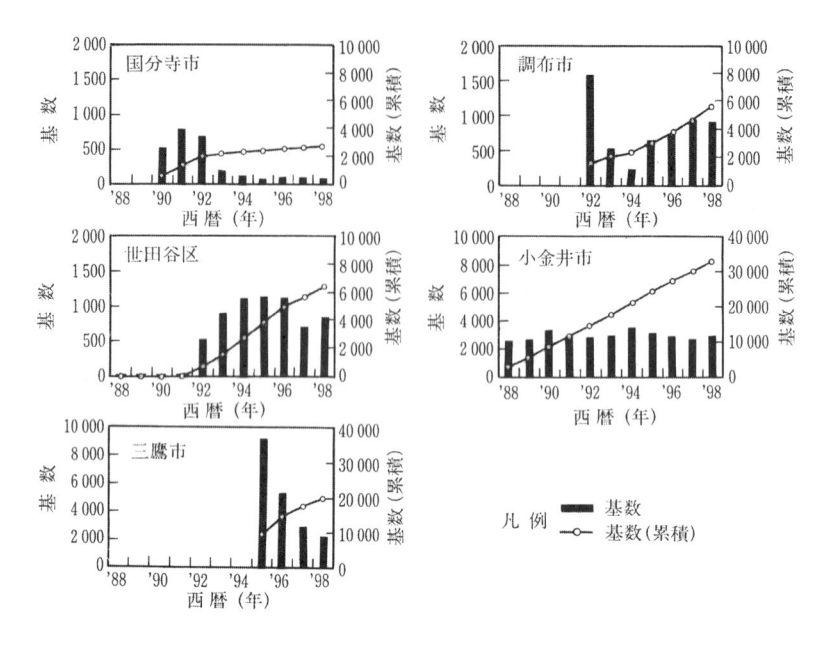

図 5.6 野川流域の主な市区における雨水浸透マスの設置状況の経年変化

が期待できよう.

図5.7 は，前述した浸透マス当りの雨水浸透量（推定値）($60\,\mathrm{m}^3/1$ 基/年）により地下水への涵養効果を主な区・市について概算したものである. 1998年現在で，小金井市 $200 \times 10^4\,\mathrm{m}^3$/年，三鷹市 $120 \times 10^4\mathrm{m}^3$/年，世田谷区 $39 \times 10^4\mathrm{m}^3$/年，調布市 $34 \times 10^4\mathrm{m}^3$/年，国分寺市 $16 \times 10^4\mathrm{m}^3$/年，5区市合計で $406 \times 10^4\mathrm{m}^3$/年（推定値）の水が人工的に地下水を涵養したことになる[4]. これらの経年変化を図5.8 に示す. 野川の上流から多摩川合流点まで，1988年以降の年度別，および累積涵養量の増加状況が明瞭にわかる. 年度別にはそれまで年に4000基から5000基であったものが，1995年に約3倍の14400基の設置を最高に，以降減少している. しかし，これでは，流域の開発による雨水の地下水への自然涵養量の減少に相殺されて，浸透マスによる涵養効果があらわれにくいことになる. 野川沿川の自治体が一体となった湧水・地下水の蘇生対策が強く望まれる. 幸いにして，流域の下水普及も進み，湧水による河川水の涵養比率も高まる傾向にあり，野川の清流の再生は夢ではなくなってきている.

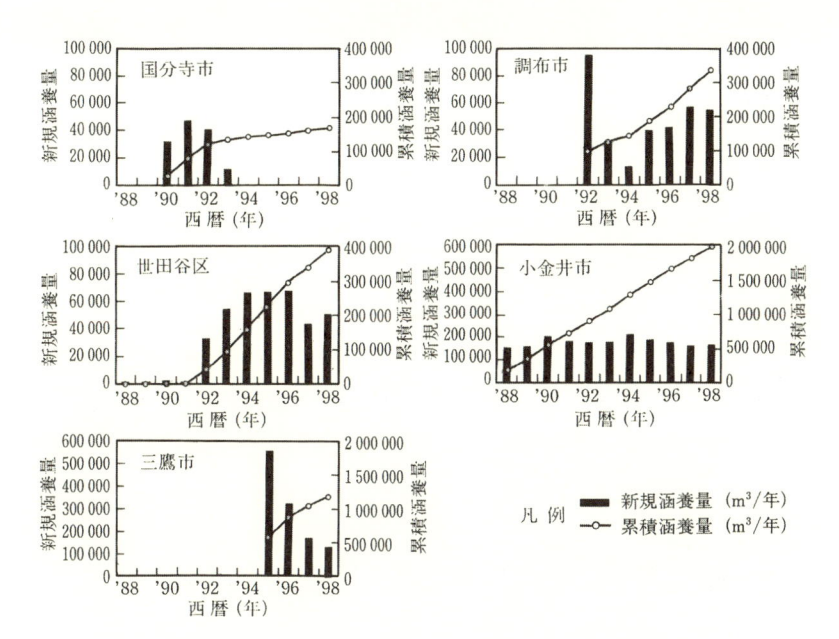

5.2 雨水浸透促進施設設置による地下水資源の蘇生 / 105

図 5.7 野川流域の主な区市における雨水浸透マスによる涵養量の経年変化

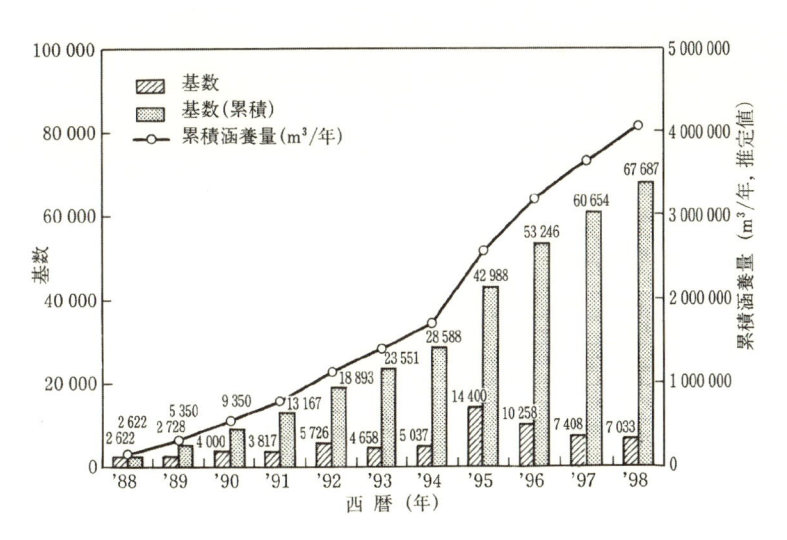

図 5.8 野川流域における雨水浸透マスの設置状況と涵養量の経年変化

(3) 世田谷区成城実験水域の例

みつ池湧水（図5.9）は，世田谷区の西部の国分寺崖線沿いに存在する湧水である．この崖線はほぼ多摩川に沿って連続し，長さは20 kmにおよぶ．段丘の比高は世田谷区成城付近では約15 mで上位面が武蔵野面，下位面が立川面となる．

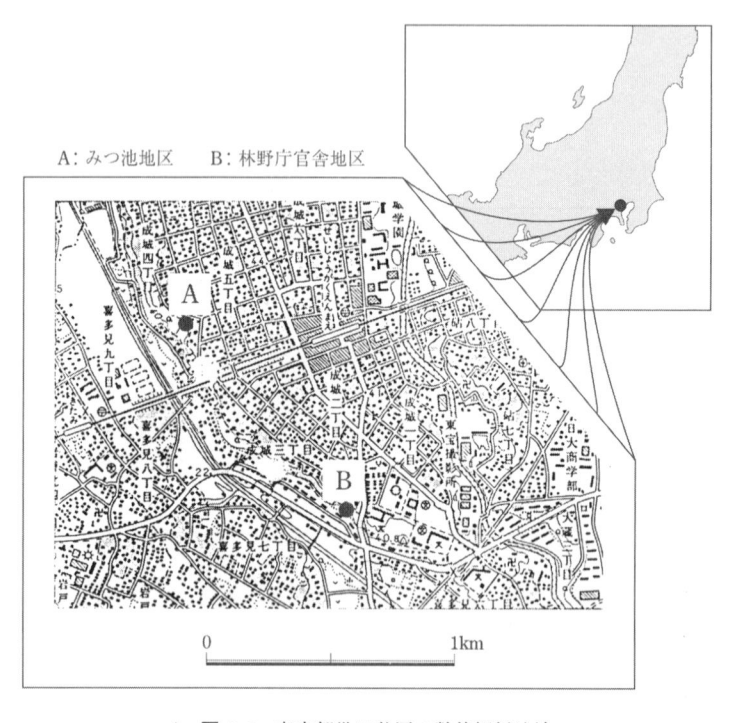

図 5.9 東京都世田谷区の数値解析地域

国分寺崖線の段丘崖の基部には多くの湧水が存在し，世田谷区内の代表的な湧水の一つとして，みつ池湧水群がある．これらの湧水の涵養源である武蔵野台地は都市化が進展し，道路や建物による非透水性面積の増加により，雨水の浸透量が少なくなり，結果として湧水の涸渇や湧出量の減少がみられる．みつ池湧水群の主要な涵養源と推定される成城4丁目，5丁目および8丁目の面積は約40万 m^2 あるが，このうち，緑被地と裸地の面積は全体の28%，約11万 m^2 しかない．このため水源確保の対策の一環として雨水浸透マスの設置が進められている．

みつ池湧水群のなかで地盤高度が最も高い位置にある「みつ池湧水I」の涸渇期間の変動について述べるとともに，雨水浸透マスの設置効果について簡単にふれておくことにする．

浸透マス設置にともなう浸透面積の増加は約 25 000 m^2 である．これは流域の全面積に対して約 6 % の緑被地や裸地の面積の増加に相当する．

この 6 % の増加が浸透マス設置前に比べ，より少ない降水量で湧水を回復させる要因となっている．仮に年間 1500 mm の降水量があった場合，屋根面積 160 m^2 の家屋に雨水浸透マス 3 基を設置することで，浸透マス 1 基あたり年間約 60 m^3，年間降水量の 75 % の地下水涵養効果が期待できる[5]．このことから全体を計算すると約 25 000 m^2 に対し，1 500 mm の雨で 3 770 m^3 となり，その 75 %，約 28 000 m^3 の涵養量となることが推定される．

ほぼ降水量の同じ 1988 年と 1995 年を比較すると 1995 年のほうが涸渇期間は短くなっている（**表 5.2**）．涸渇から湧水が回復するまでの降水量は，1995 年の方が少ない．したがって 7 年間に設置された雨水浸透マスの効果で，より少ない先行降水量で湧水を回復させる効果があらわれたといえる．

表 5.2 みつ池地区（A）における湧水涸渇期間，浸透量と先行降雨の関係

	1988 年	1995 年	1997 年
涸渇期間	1 月 31 日より 60 日間	2 月 10 日より 30 日間	1 月 30 日より 67 日間
涸渇期間中の降水量 (a)	194.5 mm	93.0 mm	61.5 mm
涸渇期間中の浸透量	160.4 mm	28.2 mm	58.5 mm
涸渇前 3 ヶ月の降水量 (b)	139.0 mm	104.0 mm	167.0 mm
涸渇前 3 ヶ月の浸透量	74.8 mm	19.8 mm	35.8 mm
(a) + (b)	333.5 mm	197.0 mm	228.5 mm
涸渇前 1 年間の降水量	1 168.0 mm	1 118.5 mm	1 439.5 mm
涸渇時の地下水位	31.622 m	31.600 m	31.680 m
湧水回復時の地下水位	31.629 m	31.611 m	31.599 m

1997 年は涸渇期間が長くなっているが，涸渇期間中の降水量（a）に着目すると 1988 年に比べてかなり少ない降水量で湧水が回復している．1997 年の涸渇前 1 年間の降水量（約 1 440 mm）は，他の 1988 年（約 1 168 mm）および 1995 年（約 1 119 mm）より多いのであるが，涸渇前 3 ヶ月の降水量（b）と涸渇期間中の降水量の合計は 228.5 mm と少ない．このことから渇水の程度は，涸渇前 1 年の長い期間の降水よりも涸渇前 3 ヶ月間と涸渇期間中の降

水量の合計（$(a)+(b)$）に大きく影響されていることがわかる．しかしながら，さらに1996年，1999年の涸渇時のデータを考慮にいれると「涸渇期間の降水量」，「涸渇3ヶ月前の降水量」が1988年よりも多いにもかかわらず涸渇期間が長くなる，という矛盾した結果が得られた[6]．

そこで単純に降水量だけの比較ではなく，雨が降ったときの地表面近くの土壌が乾燥していたのか，先行降雨の直後で土壌が飽和状態に近かったのか（先行降雨効果）を考慮するため，ライシメーターによって観測している浸透量を用いて解析してみた．その結果，前述の矛盾を解決することができた．涸渇期間中の浸透量（約59mm）と涸渇日数（67日間）の関係をみると，浸透マス設置前の1988年（160.4mm）と同じ60日代程度の涸渇日数ならば，約102mm少ない浸透量で回復している．このことから3ヶ月前の浸透量と涸渇日数の関係をみると，雨水浸透マスの設置効果が明確にあらわれていることがわかった[7]．

以上のことから雨水浸透施設の設置は，湧出量の減少や涸渇防止策としての有効な手段であることを示唆している．しかし，湧出量全体からみると，数字上にあらわれる効果は微少であり，湧水量の現状維持，あるいは現状悪化防止に貢献しているものの，湧水量の大幅な増加などのような湧水再生の際だった兆候があらわれることが少ないことから，雨水浸透マス，透水性舗装などの雨水浸透促進施設のさらなる設置，拡大策を広域的におこなう必要がある．

（4）雨水浸透マスの適正な配置

非透水域が年々増加する地域において，地下水や湧水を増やすには透水域面積を増やすか，涵養量を増やす方法しかない．雨水浸透マスに集水する屋根の面積は見かけの透水域に相当することになるので，これに比例して地下水・湧水量が大きくなる．これまでの研究事例の概要を紹介しておく．

図5.10は，世田谷区の2つの実験水域における乾期の雨水の浸透が湧水へ与える影響の程度をパーセントで実験実績により示したものである．この図から，渇水時には損失量が増え，透水域の増加割合に比例して湧水量が増加しないことがわかる．この地点において湧水から500m～1000m離れた範囲で，浸透マスを設置する場合について，透水面積を有限差分法（近似解）により求めた[8]．この場合，飽和帯の地下水流動の基礎方程式は，ダルシーの

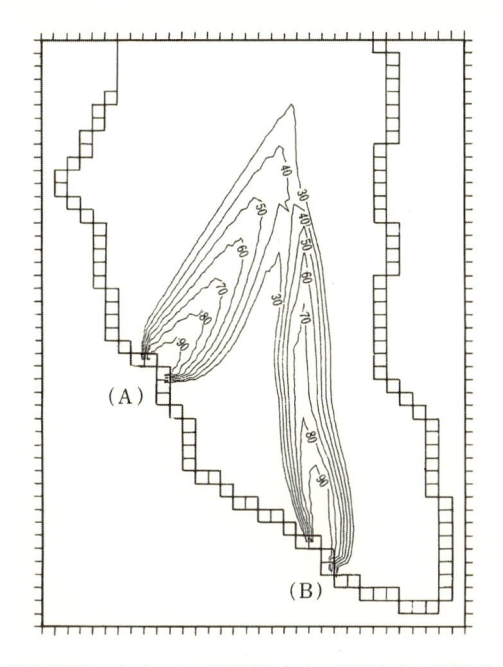

図 5.10 湧水影響度（％）．みつ池地区（A），林野庁官舎地区（B）における降水量の何％が湧水に流出するかを示す（1991 年 10 月 15 日）

法則（地下水の流量は地下水位の勾配に比例する）と連続の条件（水の出入りの収支が一致する条件）から誘導され，不圧地下水の水平 2 次元の基礎式は次式で表現される．

$$\frac{\partial}{\partial x}K(h-g)\frac{\partial h}{\partial x} + \frac{\partial}{\partial y}K(h-g)\frac{\partial h}{\partial y} = n\frac{\partial h}{\partial t} + R$$

ここで，K は透水係数，h は地下水位，g は帯水層基盤高度，n は有効空隙率，R は単位面積あたり涵養量である．

上式の R には，タンクモデルの 2 段目からの流出量に対象領域内の土地利用を考慮した浸透率を掛けたものをあたえることになる．

ここでは，みつ池湧水から 500 m ほど離れた地点における湧水量について述べる．図 5.11 は，浸透マスの配置方法を，集中配置と分散配置に分けて計算をした結果にもとづいている．両者は流量の少ないときの増加割合はほぼ同じくらいであるが，平水湧水量（河川流況流量と同意味）では，集中配置の方が分散配置より増加割合が大きい．分散配置の方が，透水域の増加面積

あたりの湧水量増加量がわずかに少ない．このことから，雨水浸透施設は湧水の近傍だけでなく，できるだけ広い範囲に分散して配置することが望ましいといえる．この図を使用して必要な湧水量を確保するために，地質柱状図など併用することにより，透水域をどのくらいにすればよいかを判定することができる．結論としては，

① ローム層の厚い場所を選ぶこと，
② できるだけ広域的に分散させること，
③ 湧水の涵養域内で均等になるようにすること，

などの点が明らかとなった．世田谷区における当該湧水地域では雨水浸透マスによる湧水の蘇生にはさらに20 000基ほどの拡大的設置が必要であろう．みつ池湧水地区における雨水浸透マスの適正配置は，数値解析の予測計算によると，渇水湧出量（年間湧出量の2.5％相当）を1.1 L/s維持するためには，屋根面積にして約50 000 m^2，浸透マスにして最低1 000基の設置がさらに必要となる（分散配置の場合）．この屋根面積の分が，見かけ上の流域拡大に相当し，浸透が増加することになる[5]．

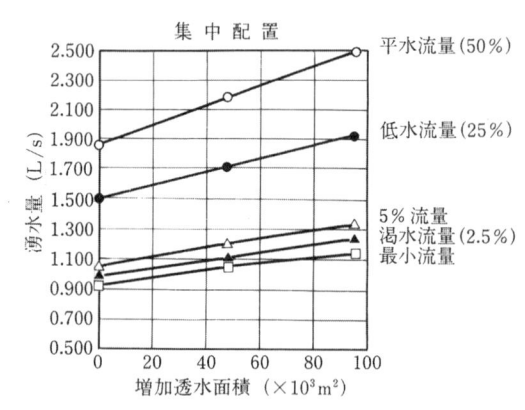

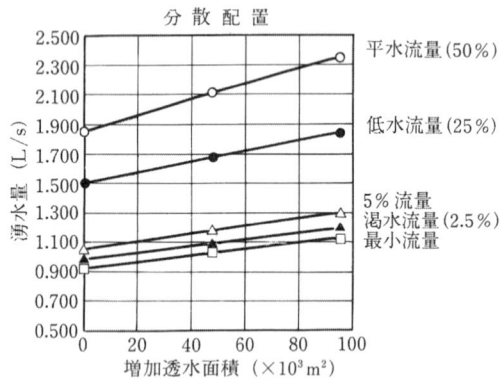

図 5.11 雨水浸透施設設置による湧水量の増加（みつ池）

5.3 土壌・地下水汚染

　地下水の汚染がクローズアップされたのは1980年代ごろに発生した大阪府高槻市営水道水源井戸，製薬会社工場の敷地内井戸，千葉県君津市の井戸などから有機塩素溶剤による汚染が報告され社会問題となったことにはじまったと記憶している．これらの場合，実態が3次元に調査され，比較的早いうちに汚染源や拡散状況が解明され，除去・処理などの対応が早いうちに実施された．この調査は，当時としてはかなり決断を要するものであったが，以降のこの種の調査対応に良い実例となった．

5.3.1 土壌・地下水汚染の現状

　土壌・地下水汚染の種類は，(1) 化学薬品，冶金，電気，めっきなどの工場排水や廃液による重金属類（六価クロム・鉛・亜鉛，水銀，砒素，カドミウム，シアンなど）汚染，(2) ICなどの先端技術をあつかう電子工場やクリーニング店などから排出される揮発性有機塩素化合物 VOCS（PCDD：polychlorinated dibenzo-p-dioxin, PCDE，コプラナーPCBなどのダイオキシン類）による汚染，(3) 人間や動物によって媒介する病原性細菌類（O–157，サルモネラ菌，チフス，赤痢など）や (4) 寄生虫類（クリプトスポリジウムオーシスト，ジアルジア原虫）汚染，(5) 肥料などによる無機栄養塩類（窒素，燐，カリウムなど）汚染をはじめ，(6) 油類，(7) 放射性物質類（ストロンチウム，プルトニウムなど）などを含めると，おおよそ7分野におよぶ[9,10,11,15]．

　廃棄物などを焼却するときに焼却施設から発生するダイオキシン類は，水に溶けにくく，微量でも有毒な物質であるとされるところから，環境庁は2000年1月15日施行の「ダイオキシン類対策特別措置法」にもとづき，毒性の強いPCDDに換算した係数（TEF）による指針値（TEQ：toxicity equivalent quantity）により，ダイオキシン類の基準値を土壌：$1000\,\mathrm{pg\text{-}TEQ/g}$，地下水：$1\,\mathrm{pg\text{-}TEQ/L}$，大気：$0.6\,\mathrm{pg\text{-}TEQ/m^3}$と決定した[12,13]．また，人間の健康影響の観点から1日あたりの摂取される許容量であるTDI（耐容摂取指標 telerable daily intake）は，$4.0\,\mathrm{pg}$/体重$1\,\mathrm{kg}$/日とされている[12]．このことから，全国のバックグランド値を把握しておく必要性から，環境庁（環境

省）はモニタリング網を構築し，公表している．平成10年度のわが国におけるダイオキシン類のモニタリング地点は，地下水188地点（PCDD, PCDFについては243地点），土壌286地点（同344地点），大気100地点（同387地点）である[12,14]．

汚染物質の拡散は，物質の種類によりかなりことなるので，一概に説明しにくいが，一般的には大気や水の循環系を通して起こり，地下水はその流動システムにしたがって起こる[16]．しかし，地下水の利用状況や地質環境により，連続性や濃度の卓越性には規則性をみいだしにくい．たとえば，汚染された浅層地下水が，深層の第1帯水層，あるいは第2帯水層に拡散するとき，深井戸のケーシングの外壁の仕上げかたが粗雑である場合，帯水層間に介在する粘土層は難透水性の役割を果たしきれず，拡散ルートとなりやすいことが過去の実例から明らかにされている．また，汚染物質は，一般に，地下水涵養河川域では地下水から河川へ，河川涵養地下水域では河川水から地下水へ移動する．

5.3.2　土壌・地下水汚染浄化および除去対策

有機塩素系化合物（溶剤など）による地下水汚染の浄化対策には，いろいろあるが主たるものとして，次の8通りの手法が考えられる[10,15,17]．

① 土壌掘削法

　　汚染された土壌を掘削し，土壌中の汚染物質を除去する方法である．汚染物質が建物や埋設物の下に分布する場合，掘削および掘削土の仮置きのための十分なスペース（東京都大田区大森南4丁目の場合，現場から掘削した汚染土壌は特殊加工を施されたドラム缶に入れ，仮設大型ビニールハウス内に保管）が確保できない場合には適用はむずかしいが，掘削における制約条件が少なく，かつ汚染物質が浅部に分布し，その存在範囲が特定されている場合には確実な方法であり，対策に要する時間も短い．

② 土壌ガス吸引法

　　有機塩素系化合物の揮発しやすい性質を利用して浄化する方法である．吸引井，ブロワーまたは真空ポンプ，活性炭吸着装置等の設置スペースが必要であるが，均質で透気性の高い地盤（不飽和帯）中に存在

する揮発性汚染物質を回収する最も効果的な方法である．

③ 地下水揚水法

　汚染された地下水を井戸を用いて揚水した後，曝気処理法，活性炭吸着法により汚染物質を除去回収または分解する方法である．地下水面以浅に汚染物質が存在する場合には適用できないが，汚染地下水の浄化効果とともに汚染の拡散を防止する効果もある．またストレーナーを適切に配置すれば地下水面以下の原液状の物質の回収も可能である．

④ エアースパージング法

　帯水層中に圧縮空気を注入することにより，汚染地下水を原位置で曝気する方法である．気化した汚染物質は，空気の泡とともに上昇し，不飽和帯にストレーナーを設置した土壌ガス吸引装置により回収され，地上で処理される．不均質な地盤では，空気の泡が複雑な動きを示し，浄化効果が小さくなるが，多くの揮発性汚染物質の汚染に適用される．地下水中に溶解した汚染物質と原液状の汚染物質の両方を除去できる．

⑤ バリア井戸・バリアトレンチ法

　地下水の動きを水理的にコントロールすることにより，汚染された地下水および汚染物質が拡散することを防止する手法である．揚水された地下水の処理に加え，バリア井戸やトレンチの維持管理が必要であるため，対策が長期にわたる場合には，経済性が劣ることもあるが，汚染物質の拡散が主に汚染された地下水の移動によるものであることから，水理的なコントロールによる汚染物質の拡散防止効果は大きい．

⑥ 遮水壁法

　地中連続壁，鋼矢板等を地中に設置し，高濃度に汚染された地下水や汚染物質が拡散することを防止する方法である．施工時の騒音・振動対策や排出される汚泥や地下水に含まれる汚染物質の処理が必要であるが，現地の特性（水文地質条件，汚染物質の特性等）に応じた適切な施工がおこなわれれば，汚染物質が拡散することを防止するための確実な手法となる．

⑦ 曝気処理法

　汲み上げた汚染地下水を空気と接触させ，汚染物質を気相に移行させて地下水を浄化する方法である．水に溶解した揮発性物質に適用可

能であり，3つの方式があるが，充填塔式は，塔に表面積の多い充填材を充填し，その上部から汚染水を散水する．塔の下部からは空気を吹き込み，汚染物質を気化させる方式である．空気吹込式は，水槽下部のディフューザーから空気を吹き込み汚染物質を気化させる方式である．また多段トレー式は，複数段のトレーを配置し，その上部から汚染地下水を散水し，下から吹き込む空気と接触させ，汚染物質を気化させる方式である．

⑧ 活性炭吸着法

活性炭を充填した吸着材等に汚染空気を通過させることにより，汚染物質を活性炭に吸着させる方法である．汚染物質を吸着した活性炭は，吸着能力が低減するため，処理ガス中の汚染物質濃度を測定し，必要に応じて活性炭を交換または再生する必要がある．

5.3.3 地下水質モニタリングシステムの必要性

地下水の有害物質による汚染は，発覚してから対策を講ずるという姿勢では，積極的な汚染防止にはならない．汚染の性質上，危機管理上，予防の精神が根底になければならず，そのためには，予見可能ならしめるための法的整備と事前調査体制などが確立されている必要性がある．このようなモニタリングシステムが整備されていても汚染が発生した場合，完璧な対策が困難なことが少なくないが，備えがあれば，少なくともその時点で納得のいく対策が比較的敏速にできるであろう．

東京都をはじめ，多くの自治体では，地下水質モニタリング体制（1996年8月，1995年度公共用水域および地下水の水質測定計画に基づく測定結果のことを仮称する）と地下水汚染が発生した場合の指導基準となる地下水汚染浄化対策指針（1996年4月1日施工）により監視をしている．また，環境省は2002年3月の国会に「土壌汚染対策法」を提出し，土地所有者や汚染源者に調査および回収の義務を明確にしようとしている．そのためにも，土壌・地下水汚染業務に携わる者の資格要件の整備が一層必要となる．

5.4 まとめ

　雨水浸透マスの設置の理由には，環境保全，地下水・湧水環境の再生，生態系の保全，洪水抑制，ヒートアイランドの抑制など，いろいろ掲げられる．しかし，設置理由はともかくとして，設置の効果は，現実にはいろいろの分野で幅広く役立っているにもかかわらず，前述した以上の表現で，明確な説得力のある説明ができないのが現状である．

　しかし，地下水の収入である地下水涵養量が開発などにより減少し，一方，支出である地下水の取水量や地下構造物への流出が収入に対して依然として多く，加えて地下において地下水を貯留する空間が地下開発などにより激減していることなどを考慮すると，雨水浸透マスや透水性舗装などによる涵養効果は，現状維持か，相殺される形で地下水環境に貢献しているのが現状ではないかと考える．また，湧水の涵養区域が，地下水位の低下により小域化していること，貯留量が減少し涵養効果に持続性がなくなっていることなど，可視的成果はいちじるしくない．しかし，雨水浸透マス等による人工雨水浸透は，湧水涸渇期間の短縮や湧出量減少の抑制に貢献していることは確実である．もし，雨水浸透施設による促進対策がなかったなら，都市域の湧水や地下水環境はさらに悪化しているであろう．

　最後に，脆弱化した地下水が水資源として復権しているのは，沖縄本島（米須）や宮古島（砂川，福里，皆福ダム）などの例にみられる地下ダムであることを指摘しておきたい．

参考文献

[1] 日本工業用水協会：工業用水法指定地域における地下水の動向調査報告書 (1997), pp.79-82
[2] 高村弘毅：オランダの砂丘地における地下水の人工涵養について，日本地下水学会誌, Vol.24, No.1 (1982), pp.1-5
[3] 東京都環境局：東京都雨水浸透指針解説 (2002), pp.5-12
[4] 高村弘毅，小山恵理：世田谷区雨水浸透促進施設設置効果に関する研究「付図：野川流域における雨水浸透促進装置の分布　その1　世田谷区の場合，野川流域における雨水浸透促進装置の分布　その2　国分寺市の場合，野川流域

における雨水浸透促進装置の分布　その3　小金井市の場合」,世田谷区みずとみどりの課 (1999)
[5]　高村弘毅:都市の水辺環境を回復するための予測解析―東京都野川流域における雨水浸透マスの適正配置を例として―, 立正大学大学院紀要, No.12 (1996), pp.51-56
[6]　高村弘毅:都市の雨水浸透施設による地下水涵養, 地下水学雑誌, Vol.38, No.4 (1996a),　pp.349-357
[7]　高村弘毅:都市における地下水・湧水環境の再生のための試み, 第1回国際土壌・地下水環境ワークショップ　IWGER'98, Tokyo, (社)土壌環境センター主催 (1998)
[8]　高村弘毅:都市の水辺環境を回復するための予測解析―東京都野川流域における雨水浸透マスの適正配置を例として―, 立正大学大学院紀要, No.12 (1996), pp.28-29
[9]　村岡浩爾:誌面講座 地下水汚染 (7) 地下水汚染の発生機構と汚染分布の予測, 地下水学会誌, Vol.31, No.4 (1989), pp.229-236
[10]　高村弘毅:地下水の汚染防止と対策, 雨水技術資料22 (1992), pp.39-47
[11]　江種伸之, 神野健二:土壌ガス吸引時における有機塩素化合物ガスの挙動について, 地下水学会誌, Vol.37, No.4 (1995), pp.245-254
[12]　埼玉県環境防災部:ダイオキシンと私たちのくらし, 環境防災部ダイオキシン対策室 (2001), pp.1-16
[13]　環境科学情報センター:化学物質による環境汚染の対応, 環境汚染と化学物質 (2001), pp.1-13
[14]　環境庁:ダイオキシン類緊急全国一斉調査結果, 環境庁水質保全局 (2000), p.25
[15]　藤縄克之:汚染される地下水, 共立出版 (1990), p.126
[16]　Fried, Jean J. : Groundwater Pollution, Developments in Water Science, No.4 (1976), p.330
[17]　環境庁水質法令研究会:地下水の水質保全―地下水汚染防止対策のすべて―, 中央法規出版 (1997), pp.7-8
[18]　高村弘毅:都市の水環境の再生, 建設月報, No.593, pp.30-32

第6章 農業と水

6.1 農業水利の新たな役割 ―環境調和型農業の展開と関連して―　118
6.2 21世紀の水需要予測　119
　6.2.1 利水部門別の水需要の減少　119
　6.2.2 大都市圏の人口集中による影響　120
　6.2.3 水利再編のルール　120
6.3 農業用水の役割　121
　6.3.1 灌漑用水と地域用水　121
　6.3.2 農業用水の4つの役割　123
　6.3.3 地域公共資源の意味　124
6.4 水文学的水循環　125
6.5 生物学的水循環と生物多様性　126
6.6 水路分級論　127
6.7 農業用水の管理主体　128

6.1 農業水利の新たな役割
―― 環境調和型農業の展開と関連して ――

　農業政策と環境政策を一体的にとらえる立場から，持続可能な農業（環境調和型農業）を求める動きは世界の潮流となりつつある．たとえば，OECD（経済協力開発機構）は1992年に "Agricultural and Environmental Policy Integration"（邦題「農業政策と環境政策の一体化」）と題するレポートをまとめ，農業における環境問題を初めて本格的にとりあげた．このレポートは欧米諸国で顕著となった土壌劣化，水質や大気の汚染，生態系の破壊などのいわゆる環境問題の一因が，1970年代から80年代における農業政策のゆがみから発生したと認識する．すなわち，農村環境の破壊は価格支持政策による過剰生産および農業の高度集約化から生じたと考え，これまで手薄であった環境および資源というストックの保全にかかわる政策に本格的なメスを入れなければ，長期的に問題を解決できないという立場で書かれたものである[1]．

　わが国でも農水省が発表した「新しい食料・農業・農村政策の方向」(1992)において，環境保全型農業への取り組みの必要性が指摘されており，農業と環境の調和をもとめる政策的な動きは先進諸国においてもようやく本格化してきたといってよい．OECDのレポート「農業政策と環境政策の一体化」では持続可能な農業の条件として，つぎの3項目をあげている．
1) 経済的に成り立つ農業生産のシステム
2) 自然資源・生態系の保全と両立する農業
3) 快適な農村空間や美しい景観の維持・創出

　この章では，上記の3つの視点から，農業水利のあり方を考えていきたいと思う．そこでまず，21世紀を展望したときに，わが国の水需要がどのように推移していくのかについて，仮説的議論をおこなう．つぎに，現在から将来に向けて果たすべき農業用水の役割を整理する．ついで，各論的な課題，すなわち水文学的水循環，生物学的水循環と生物多様性，水路分級論，農業用水の管理主体のありかたについて議論する．

6.2 21世紀の水需要予測

　わが国では，今後50年ほどの期間に，水需要が右肩上がりで拡大していくと考えてよいのだろうか．否である．わが国の人口が2050年ごろに1億人を下まわる可能性は相当高い．そして，そのころまでに農水・上水・工水の各セクターが使用する水量は確実に減少していくと考えられる．近い将来，わが国は水利史上で初めて水使用総量の縮小が生じるとみなして間違いないし，すでに現在，その兆候があらわれている．

6.2.1 利水部門別の水需要の減少

　生活用水は人口の絶対的減少（現在の1億2600万人から，21世紀の中葉ごろには1億人程度へ）と節水的な水利用の定着により，現在はほぼ横ばいの水需要が，早晩減少に転じていくと予想される．工業用水の淡水補給量は，オイルショック後の1974年ごろから回収率の上昇にともなってすでに水需要の縮小過程に入っている．今後は，製紙工業・食品工業・繊維工業などの回収率が50％以下と低い産業で回収率の上昇が進み，さらに化学工業・鉄鋼業など回収率が70％程度の産業でも回収率の向上が期待できるから，水需要は一層縮小していくだろう．

　灌漑用水はどうだろうか．21世紀中葉に人口が1億人となり，米の消費量が年間1人あたり70kg（玄米）とすれば年間必要量は700万トンとなる．単収が現在と変わらずヘクタール（ha）あたり5トンならば必要作付け面積は140万ha，単収が6.0トンに上昇すれば117万haになるから，現在の水田面積260万haのうち，少なくても120万ha，大きく見積もれば140万haの水田で稲をつくらなくてもよいことになる．筆者は，現時点でも水田用水の需要は減少過程にあると考えている．高率の減反の定着が，すでにその契機をつくりだしているからである[2]．

　しかしながら，畑灌用水・家畜飼養のための営農用水が水田用水と同様に縮小過程を歩むかどうかについては，慎重な検討を要するだろう．たとえば，水田稲作からハウス栽培への転換では，水の使用形態が通年使用に変化し，有

効降雨の利用が期待できなくなる．また，比較的降雨の少ない地域では，水田から転換した露地の作物に灌漑が必要になるかもしれない．しかし，総括的にいえば，水田用水の需要減少量に匹敵するほどの新規需要は考えられないから，トータルでみた灌漑用水の需要量は縮小過程を歩むと想定される．

6.2.2 大都市圏の人口集中による影響

ここで留意しなければならないのは，21世紀に至ってもなお大都市圏への人口集中が続くのかどうか，という問題である．20世紀のわが国では，東京，大阪，名古屋，福岡などの中核都市とその周辺地域に産業と人口の集中が極度に進み，それが高度工業化社会の駆動力となる一方，大気・水質汚染，騒音，地盤沈下，産業廃棄物処理，ヒートアイランド，地価の高騰，通勤地獄などの社会的弊害と損失を発生せしめた．その対極に過疎化による山村地域社会の崩壊があったことは，いまさら指摘するまでもない．もし，こうした過疎・過密問題への取り組みがなされず，今後もさらに大都市への人口集中が続くとすれば，「水需要総体の縮小過程」という仮説は，「大都市圏での水需要の拡大と地方における水需要の縮小の並進過程」という仮説に変更しなければならない．この点は中央集権的国家機構の地方分権的機構への再編成という，21世紀的課題の取り組みとともに，水による人口規制などを含む水行政にも関わる問題である，という点を指摘しておきたい．

6.2.3 水利再編のルール

各利水部門における水需要の縮小，なかでも水田用水の需要量の縮小は，これまでわが国が経験したことがない新しい時代の訪れを予感させる．ここでただちに想定されるのは，近世以降連綿と続いてきた河川の渇水量の利用が縮小し，それに余裕が生じるという新しい事態である．各水系において，渇水量にどの程度余裕が生じるのか，余裕が生じた場合，その水量は新たに誰に帰属するのか，そうした水利再編を律するルールはいかに定めたらよいのか，などといった問題は，農業水利の立場から改めて研究しなければならない課題である．

6.3 農業用水の役割

6.3.1 灌漑用水と地域用水

　そもそも，わが国において農業用水はどのような性格をもつものであろうか．農業用水の性格をその出自から理解しようとするとき，「わが国の稲作農業において，水は土地の附属物として機能し，独立した生産財としての意味をもたない」とする玉城哲の指摘は示唆的である[3]．とくに「水は土地の附属物」という意味をどのように理解すべきだろうか．筆者はそこに，2つの意味が込められていると考える．第一は，堰・水路・溜池の築造，水を貯める容器としての田の造成といった土地資本の蓄積を媒介にして，水は土地と合体し「水田」が形成されたという，狭義の意味での農業用水の性格．第二は，むら人たちによる営々とした維持管理労働の積み重ねと追加的な土地資本の投入により，農業用水はあるひろがりをもった地域の土地，すなわちむらの土地の附属物になったという意味での農業用水の性格である．今日的にいえば前者は灌漑用水に，後者は地域用水を含む広義の意味での農業用水に相当すると考えられる（**表6.1**）．

表 6.1 農業用水の構成

農業用水（広義）	農業用水（狭義）	灌漑用水	水田用水，畑灌漑水，営農用水
	地域用水	地域活動用水	生産系用水（灌漑用水を除く） 生活系用水（飲雑用，防火，消・融雪など）
		レクリエーション用水	親水・レクリエーション用水，景観保持用水
		環境用水	生態系保全用水，汚濁希釈用水，地下水涵養用水

　ここで，広義の農業用水の中身と具体的な水利用行為が，歴史的に不変であると考える必要はない．わが国の近・現代においては，水利用の諸機能が次第に分離独立してきたことは周知のとおりであり，広義の農業用水の内容は相当変質してきている．しかしながら，時代の変化とともにこれまでになかった水利用行為が新たに生まれることもあり（**表6.2**），水利用が一方的に衰退過程にあると断じることは誤りといわねばならない．ましてや，農村地

域の農業用水は灌漑用水だけで事足りるととらえると,大きな過誤を犯すことになるだろう.もし農業用水を狭く灌漑用水と考えると,農村地域において長年にわたり安定的な定住条件を支えてきた農業用水の意味を正しく把握することは,ほとんど困難である.

表 6.2 用水路における水利用行為の過去と現在(栃木県今市市)

利用系	水利用行為	過去も現在もある	過去にあったが,現在はない	過去はないが,現在ある
生産系	1. 水車に利用	9	29	4
	2. 養魚に利用	5	15	1
	3. 魚の孵化に利用	1	6	2
	4. 布さらしに利用	0	1	2
	5. 酒造に利用	0	2	2
	6. 発電に利用	1	5	1
	7. 味噌・醤油づくりに利用	2	1	1
	小計	18	59	13
生活系	8. 飲用に利用	33	10	8
	9. 炊事に利用	33	12	8
	10. 洗濯に利用	35	20	8
	11. 防火用水に利用	50	7	6
	12. 野菜洗いに利用	38	21	5
	13. 消雪に利用	42	7	7
	14. 食物を冷やす	20	28	7
	15. 床下に引き水する	8	3	4
	小計	259	108	53
親水系	16. 水遊びに利用	12	22	13
	17. 魚取り・魚釣りをする	16	23	4
	18. 庭に引き水をする	18	11	8
	19. 水泳をする	5	12	4
	20. 魚(コイなど)を養う	7	14	4
	21. 公園に引き水をする	4	5	4
	22. 町並み,景観に利用	5	6	3
	23. プールに水を引く	11	6	7
	24. 花火をみる	5	5	2
	25. 花火大会(イベント)をする	0	2	3
	小計	83	106	52
	合計	360	273	118

それでは現代および将来を見通したとき，広義の農業用水の内容をどのようにとらえたらよいのか．筆者は，さしあたって 6.3.2 に示す 4 つの役割として見れば間違いないと考えている（表 6.1 参照）．

6.3.2 農業用水の 4 つの役割

第一は，灌漑用水としての役割である．これに相当するのは水田用水と畑灌用水であり，場合によっては家畜飼養のための営農用水を含んでもよい．

第二は，地域活動用水としての役割である．地域活動用水とは，農村地域の各種地場産業（味噌・醤油・酒の醸造，養魚，染色，小規模水力発電など）と生活条件の維持・改善（飲雑用，防火，消・融雪など）に使われる用水である．こうした用水は，比喩的にいえば上水道にふくまれる都市活動用水*に似通った性格をもっている．すなわち，農村地域の地場産業と生活様式のありかたに応じて，その利用形態が時代とともに変化するという性格を帯びた用水である．

第三は，レクリエーション用水としての役割である．レクリエーション用水とは，農村地域にある親水公園，堀，湖沼池，水路などの景観の維持とアメニティのために必要な用水である．すでに，水辺の修景をおこなう，水路や堀で観賞用の魚を飼う，子どもが遊べるジャブジャブ池・親水水路をつくる，釣り堀の水を確保するなどの多様な用途が生まれている．レクリエーション用水は，大都市住民の地方都市および中心集落への移住，あるいは農業集落における非農家所帯の増加が進むにつれて，需要の拡大がみこまれる用水である．

第四は，環境用水としての役割である．水があらゆる生命活動を支えていることは，だれしも認めるところである．環境用水とは農村地域における動植物の生命活動維持のための，やや一般化すれば自然生態系を保全するための用水である．このことに付随して，水循環の健全性を維持するための地下水涵養用水，汚濁希釈用水も環境用水に含まれると解される．

こうした農業用水の 4 つの役割を認識するとき，とくに新河川法制定以降の河川行政・水利行政が農業用水を狭義の灌漑用水としてのみとらえてきた

---

*都市活動用水とはオフィスビル，公共施設，病院，集出荷ターミナル，鉄道駅舎などのサービスセクターで使用される用水であり，これと家庭用水が合わさって水道用水を構成する．

ことの弊害に触れないわけにはいかない．農業用水イコール灌漑用水という考え方の背後には，農業用水を農業のための生産財（経済財）としてのみ把握する考え方，あるいは利用目的を単一化して管理する考え方が色濃く存在する．一言でいえば，資源の利用効率を第一義的に考える経済合理性の思想である．そうした思想の帰着として，水利用の効果は経済的便益の大小だけではかりうるという矮小化が生じた．いま必要なことは，農業用水の4つの役割に対応した4つの効果（生産効果，地域活性化効果，レクリエーション効果，環境保全効果）を正当に評価し，それぞれが十分活かされるような取り組みを準備していくことではなかろうか．

6.3.3 地域公共資源の意味

地域用水は地域公共資源という性格をもつ．地域公共資源という用語はあまり聞き慣れない言葉かもしれないが，簡単にいえば「公共財」と「地域資源」という2つの属性をもった資源，もしくは財のことである．さらに具体的にいえば「農村地域に住む人びとの経済活動の展開と生活の維持，および生態系の保全に不可欠な資源であるが，個人に属する私的資源として自由に消費・処分できない資源」のことである[4]．

公共財とはなにか．公共財の属性は，だれでも利用できる点にあり，これを利用の非排他性・非独占性という場合もある．ところで，公共財の厄介なところは，その需要と供給が市場メカニズムによって決まらない点にある．だれが，その供給と需要を決めるのか．市民・住民，広くは社会の必要性（需要）にもとづいて，公的機関が用意（供給）するのが普通である．もう一つ，公共財の厄介なところは，だれもが利用できることから，放任すると浪費的・略奪的な利用が進むことである．そうしたことを防ぐために，利用に応じたコスト負担，利用量の限定，管理組織を通じた資源の配分と管理などといった制度的なコントロールが必要となる．

つぎに地域資源である．これは市民権を得つつある言葉であり，一言でいえば属地的な資源といってよい．ここでいう「資源」とは，人の働きかけによって存在価値がみいだされ利用価値を生みだす自然物，という程度の意味である．もし地域資源をやや厳密に定義するならば，非移転性，非商品性，循環性（再利用可能という意味）といった属性をもつ資源ということになる[5]．

地域資源は非商品性，すなわち公共財を含む広い概念だから，地域公共資源とはいわず地域資源で十分ではないかという考えもあるだろう．しかし，ここであえて地域公共資源という用語にこだわるのは，「制度的なコントロールが必要」という公共財特有の性格を強調したいからである．

6.4 水文学的水循環

すでに述べたように，これから将来に向けて灌漑用水と地域用水の利用には大きな変化が生じることが予想される．また，水田用水のみならず工業用水・生活用水の需要量が減少すれば，河川の渇水量に余裕が生じ，水利再編のありかたが議論されるようになる．こうした課題に応えるためには，水文学的水循環に関する研究の進展が望まれる．

水利用とは，自然の状態にある水の存在様式を人間活動が必要とする水の存在様式に変換する行為[6]にほかならない．水文学的にいえば，自然の水循環の素過程に貯水，取水，排水という人工的制御が加わることである．こうして，水利用の行為は水文学的な水循環に作用し，河川流量，地下水流動量に影響をあたえる．

そこで，将来の水利のありかたを考えたとき，すでに進行し今後も持続するであろう水稲作付け面積の減少，今後増加がみこまれる地域用水の利用，畑灌用水の動向，さらには土地利用の変化などをうけて，流域における水文学的水循環がどのように変化するのかを予想することは重要な意味をもつ．すなわち，研究の視点でみれば，特定の河川流域を対象にしてダムの流入・放流操作，頭首工での取水操作，灌漑用水・地域用水の配水などを取り込んだ，精度と性能のよい水文流出モデルを構築し，水田灌漑・畑地灌漑の変化，地域用水量の変化，土地利用の変化などにともなう河川流量の変化予測をおこなうことになる．

こうした水文流出モデルの構築は，同時に，適用される水利再編ルールそれ自身の有効性を，それが水利用と河川流量に対する影響をシミュレートすることによって確認することも可能とするだろう．また，水量に加えて水質を取り込んだモデルを開発し実用化することも，きわめて重要な課題となるだろう．

6.5 生物学的水循環と生物多様性

　地域用水のなかで，これまでほとんど注目されていなかったものの一つに生態系保全の役割を果たしている用水がある．具体的には溜池，水路，水田，湿地，小河川などの微生物・プランクトン，水生植物や河畔林を涵養している水である．こうした微生物や植物が存在することにより，農村部では多様な昆虫類・爬虫類・両生類・哺乳類・鳥類・魚類の生活史が成立している．

　いまとくに，我われが慣れ親しんでいるフナ類，ドジョウ，ナマズ，メダカ，ウナギなどの淡水魚に注目してみよう．春から夏にかけて生じる水田全体を含む広大な水域（一時的水域）は，魚類の餌となるプランクトンや藻類の宝庫をなすとともに，産卵場所と仔稚魚の生育場所を提供してきた．また，水田の水が落とされた秋から春にかけて，水が残された水路，溜池，小河川などの水域（恒久的水域）は，魚類が越冬するための摂餌場・退避場でもあった[7]．

　すなわち，一時的水域と恒久的水域がネットワークで結ばれた水田地帯は，それ自身が二次的自然であるとともに，大きな環境容量を魚類に提供してきた．農業用水が水路を流れ，水田を潤すことによって，こうした生きものたちの生息条件が確保され，水田と水路が結ばれることによって生活史が成立していたのである．

　最近，魚類学者から，物理的な水循環に加えて水生生物の双方向的な往来，すなわち生物学的水循環の重要性が強く指摘されるようになった[8]．これは，水田と小河川・水路との間の魚の移動が用水と排水の分離，落差工・堰などの移動障害物の設置によって阻害されること，冬期間における恒久的水域の水涸れで魚類の越冬が不可能になったこと，などを背景とした提言である．

　生物多様性の維持を考えたとき，農村地域に網の目のように張りめぐらされた水路系と，生物扶養の意味で大きな環境容量を提供している水田のあり方を，改めて検討しなければならない時代を迎えている．休耕田の水質浄化を兼ねた生物生息空間としての活用なども，視野に入れるべき課題である．

6.6 水路分級論

　1950年代から70年代にかけて旺盛に取り組まれた農業水利事業によってつくられた施設が老朽化する時期を迎え，いまその再改修がはじまっている．「必要な時期に，必要な水量を圃場にとどけること」「できるだけ管理労力を節約できる水利システムをつくること」が，かつての時代の命題であり，それによって灌漑用水の全国的な整備が進んだ．しからば，その再改修の時代を迎えた今日，なにを命題として事業に取り組むべきなのだろうか．

　筆者は，水路に代表される水利施設を生産施設としてだけではなく，アメニティ施設，生態系保全施設として活用することが，再改修時代の新しい命題だと考えている．すなわち，**6.1** でふれたように，(1) 経済的に成り立つ農業生産のシステムであるとともに，(2) 自然資源・生態系の保全，そして (3) 快適な農村空間や美しい景観の維持・創出（アメニティの創出）に寄与しうる水路を目指していくことが，これからの目標となる．そのために早急な検討を迫られているのが，標題にいう水路分級論である．

　時代的要請のなかで，かつて農業用水の水路が水利用の公平性と個別性の実現を目的に改良されてきたことは，決して不当とはいえない．そして今日，生態系の保全と美しい景観の維持・創出に配慮した水路をめざすことも，同様に不当とはいえないだろう．その場合，改修の対象となる水路の性格を，それが立地している周辺環境との関連，水生植物・水生動物からみた生態学的役割を含めて，客観的に評価する方法論が必要となる．それが水路分級論である．

　誤りを恐れずに用水路・排水路を大別すれば，
1) 通水・配水・排水機能を重視し，他の機能は排除すべき水路（たとえば，水道との共同利用水路），
2) 通水・配水・排水機能にくわえてアメニティ機能を具備しうる水路，
3) 通水・配水・排水機能にくわえて生態系保全機能を具備しうる水路

の3つに分類できよう．すでに，2) については水環境整備事業などの取り組みがあるから，説明を要しないと思われる．

ここで問題となるのは，3) の生態系保全からみた水路分級のあり方である．言い換えれば，生態系保全の視点から水路はどのように分類できるのか，ということになる．仮説的にいうならば，水生生物の生息に関わる環境要因（流量・水深・流速などの水文学的属性，水質・水温などの化学・物理性，流路の形状，水辺周辺の植生，水系のネットワークなど），および生息生物種の生活史と環境要因の関係[9]などから，水路の分類をおこなうことになるだろう．生態学者の力を借りながら，こうした水路分級論の確立とその適用が望まれる．

6.7 農業用水の管理主体

周知のように，農業用水の管理に関係する組織には水資源開発公団，農水省，都道府県，市町村（一部事務組合を含む），土地改良区，そして任意の水利組合（申し合わせの水利組合）がある．このなかで，前3者は複数の利水部門の共用施設，2県以上にまたがる水利施設，大規模排水機場のように公共性の強い施設の管理が中心であり，対象施設の数は限られている．なんといっても，農業用水の管理において重要な位置を占めるのは，土地改良区といってよい．2000年時点で全国には約7000，関係面積で約320万haの土地改良区があり，そのうちの80％以上がなんらかのかたちで農業水利施設の操作管理・維持補修業務にたずさわっている．

ところで，一口に土地改良区といっても，関係面積が数十ha程度の小さなものから1万haをこえる大規模なものまであり，業務の内容・職員の構成などをみても一様ではない．ここでは，そうした多様性をもつ土地改良区のうち，長期にわたって農業用水の管理をおこなってきた用水管理型の土地改良区を対象に議論を進める．

この20年来，用水管理型の土地改良区にほぼ共通して見られるのは，管理費の増大，水利費（経常賦課金）水準の低迷，職員の高齢化という「三重苦」のなかに置かれてきたことである．その実態に関する詳しい説明は他の文献を参照していただきたい[10,11]が，「三重苦」の原因が水利施設管理の高度化・複雑化，下部団体としての集落の機能低下，米価の停滞もしくは下落，財

政基盤の弱体化などにあることは指摘しておかねばならない．こうした原因を考えたとき，土地改良区を主体とした農業用水の管理はもはや，対症療法的な方法で正常化しうる段階にはなく，規模と業務内容の見直し，組織の法制度的な位置づけ，安定財源の保証などに関する抜本的な対策を必要としている．そこで，以下に，土地改良区の今後のありかたを考える場合に考慮すべきポイントを指摘しておきたい．

まず，灌漑用水受益者の負担軽減に関しては，利水ダム，頭首工，導水路，幹線用水路，幹線排水路，揚水機場など，一定規模以上の基幹施設は公共性が高いという観点から，全額公費負担（国，都道府県による公費施工・公費管理）とする制度が検討されてよい．つぎに，地域用水の管理費に関しては，一定量の地域用水を水利施設を通じて流し利用する場合，それに要する管理費は，受益の性格に応じて市町村，もしくは特定の利用者が負担するという措置が検討されてよい．また，地域用水の受益者の運営参加に関連して，現行の土地改良法では，土地改良区が灌漑用水以外の地域用水を管理するときは，附帯事業として取り扱うことになり，地域用水の受益者（もしくはその代表者）が土地改良区の運営に関与するとすれば，員外理事としての参加に限定され，いわゆる組合員資格をもつことができない．地域用水の管理費を負担し，その受益を代表する者が，実質的に土地改良区の運営に参加しうる法制度的な仕組みが検討されなければならない．

一つの考えうる方向として，筆者は現行の大規模土地改良区を発展的に解消して，水管理公社に再編することを提案をしている[12]．そうしたことも含めて，農業用水の管理主体のありかたについては，さまざまな角度から議論すべき段階を迎えている．

参考文献

[1] 嘉田良平 監修（OECD 環境委員会編）：農業と環境（1993），pp.2-3
[2] 水谷正一：稲作抑制時代における水利改革の障害と展望，農業土木学会誌，Vol.63, No.1 (1995)，pp.19-24
[3] 玉城哲：水の思想，論創社（1979），pp.180-196
[4] 原洋之介：地域公共資源管理のための経済制度，「環境調和型農村地域総合開発計画策定報告書（平成6年度）」，国際開発センター（1995），pp.87-93
[5] 永田恵十郎：地域資源の国民的利用，農山漁村文化協会（1988），pp.34-50

〔6〕 志村博康：現代農業水利と水資源，東京大学出版会（1977），pp.129-131
〔7〕 藤咲雅明，神宮字寛，水谷正一，後藤章，渡辺俊介：小河川・農業水路系における魚類の生息と環境構造との関係，応用生態工学，Vol.2, No.1 (1999), pp.53-61
〔8〕 君塚芳輝：河川の横断工作物が魚類に及ぼす影響——近頃の魚の悩み（下），にほんのかわ，No.51 (1990), pp.17-31
〔9〕 井出久登，武内和彦，加藤和弘，篠沢健太：生態的特性に配慮した河川空間の設計・計画のための支援システムの開発，河川美化・緑化調査研究論文集（第6集），河川環境管理財団・河川環境総合研究所（1998），pp.52-96
〔10〕 水谷正一：維持管理組織としての土地改良区の現状と課題，農業土木学会誌，Vol.60, No.3 (1992), pp.1-6
〔11〕 泉明：土地改良区の現状と新しい役割，農業土木学会誌，Vol.60, No.3 (1992), pp.7-12
〔12〕 水谷正一：土地改良区の水管理公社への再編，農業土木学会誌，Vol.68, No.11 (2000), pp.19-22

第7章 都市・地域の水環境

7.1 水文循環系と都市・地域　132
7.2 水環境と国土保全　134
 7.2.1 水問題の転換　134
 7.2.2 水防災と水資源開発　134
 7.2.3 水質規制と水質改善　136
 7.2.4 水質から水環境へ　137
7.3 都市・地域の水代謝　137
 7.3.1 地域の水均衡　137
 7.3.2 土地利用と水代謝　140
 7.3.3 開放型水循環系と都市の水循環　142
 7.3.4 都市の水代謝　144
7.4 地球規模の水環境　146
 7.4.1 土の劣化，水環境への影響　146
 7.4.2 淡水の枯渇と淡水保全　147
 7.4.3 二酸化炭素削減と水利用　147

7.1 水文循環系と都市・地域

DID（densely inhabited district, 人口集中地区）人口を都市人口と定義すると，わが国での都市人口率は 1950 年の 37 % から 2000 年の 72 % まで増加した．また DID の平均人口密度を 20～40 人/ha とすると，国土面積の約 1 割に人口の 7 割が集中していることになる．問題は都市用水という形で水の使用もここに集中することである（表7.1）．

表 7.1 日本の都市人口（単位：百万人）[1]

年	全国人口	都市人口（%）
1920	55.4	10.1 (18)
1930	64.4	15.4 (24)
1940	73.1	27.6 (38)
1950	84.1	31.4 (37)
1960	93.4	40.8 (44)
1970	103.7	55.5 (56)
1980	117.1	69.9 (60)
1990	127.2	85.6 (67)
2000	135.0	96.6 (72)

国土の地形による分類は表7.2のように山地，里地（中山間地），平地と分類される．しかし水文循環系はこれらの地形区分に分かれることなく連続的なつながりをもち，つながりの空間規模が通常流域とされる．流域からみた水循環過程は，陸域では表流水と地下水が相互にバランスをとる交番過程で説明できる．したがって水循環系では地下水の占める意義が大きく，量的にみても表流水（湖沼，河川，貯水池の水）のおよそ 50 倍の量が地下水として存在することからその重要性が理解される．したがって地下水系の水循環が正常でなくなるような水供給システムは正常な水供給システムとはいえない．

表 7.2 地形区分による地域特性[2]

	面積構成（%）	平均人口密度（人/km²）	平均森林率（%）	平均農地率（%）
山地	30	66	86	6
里地	44	208	69	16
平地	26	769	40	36
全国		323	65	18

地下水の流動過程からみた流域での区分は，表7.2の山地においては地下水涵養域，里地（中山間地）では地下水流動，平地では地下水滞留域と大略設定できる．この様子は図7.1にみることができる．また，DIDの大半はこの平地に集中するから，そこへの水の供給は表流水（主に河川水）と地下水によることになる．

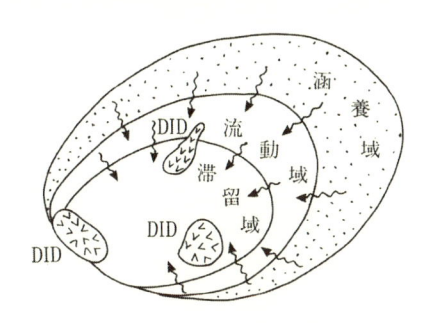

図7.1 流域の地下水流動特性

ここで利根川流域と淀川流域という二大流域を考えてみよう．ともに平地に大都市圏が広がるが，水の供給源に大きな違いがある．淀川水系には琵琶湖という貯水量280億m^3，下流1400万人に上水を供給しうる水がめがある．利根川水系では上流の人工貯水池に水源を頼るが，それでは供給量が不足する．したがって関東平野ではある期間は地下水に水源を求めている．関東平野の地下には琵琶湖に匹敵する大きな水がめが存在するのである．この地下水盆への水の涵養が正常でない限り，健全な首都圏は存続できない．

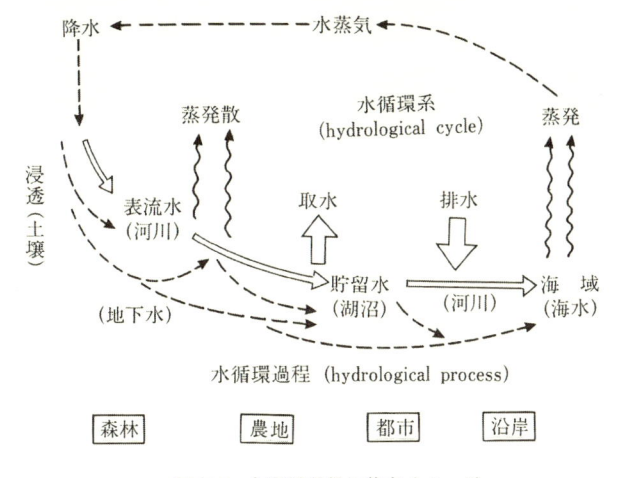

図7.2 水循環過程の基本イメージ

図7.2に示すように,水循環は孫子曰く「循環端<ruby>無<rt>はし</rt></ruby>きが如し」のとおりであり,この自然フラックスを損傷させない限り,太陽エネルギーが生成する水量,水質,水温の有効利用が可能である.しかし現実にはアラル海の消滅現象,ナイル川上流域の水資源開発脅威,黄河中下流の断流現象など地球規模の変貌が露呈しているし,わが国の流域でも表流水や地下水がいつ断流を起こすかわからず,上流・下流の地域共生の新たな展開が望まれるところである.

7.2 水環境と国土保全

7.2.1 水問題の転換

公害問題から環境問題の解決へというシフトの構造は,水問題でいうと水質保全から水環境保全への転換と考えてよい.この転換はこれまでの半世紀にめまぐるしくおこなわれた.国土の水問題の解決に寄与する基礎理学としての水文学と水理学で考えると,図7.3に示すように時代が解決を要望する水問題をよく反映している[3].この時代経過に沿って水と国土がかかわった経緯とその評価を以下にまとめてみよう.

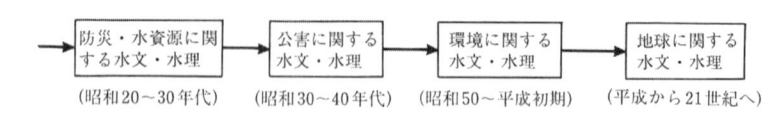

防災・水資源に関する水文・水理	公害に関する水文・水理	環境に関する水文・水理	地球に関する水文・水理
(昭和20~30年代)	(昭和30~40年代)	(昭和50~平成初期)	(平成から21世紀へ)

図7.3 水文学・水理学の時代背景

7.2.2 水防災と水資源開発

1946年(昭和21)の全国エネルギー供給量は電力34%,石炭49%,薪炭材14%である.この電力のうち94%を水力発電が占めていた.第二次世界大戦後の国勢復興に必要なエネルギーの供給源は水力発電に求められ,1952年(昭和27)の電源開発促進法の制定により1951年から1956年(昭和26~40)にかけ,図7.4に示すように積極的に水力開発が進められた[4].上椎葉ダム(1955),佐久間ダム(1956),黒部川ダム(1963)等の大型ダムがこの

時代に建造されている．さらに 1960 年（昭和 35）に策定された「国民所得倍増計画」による社会資本の充実，産業構造高度化への誘導のなかでとくに多目的ダムが重視され，1961 年（昭和 36）の水資源開発促進法の制定により水力エネルギーの開発とともに上水・工水の資源開発が広範に進められた．

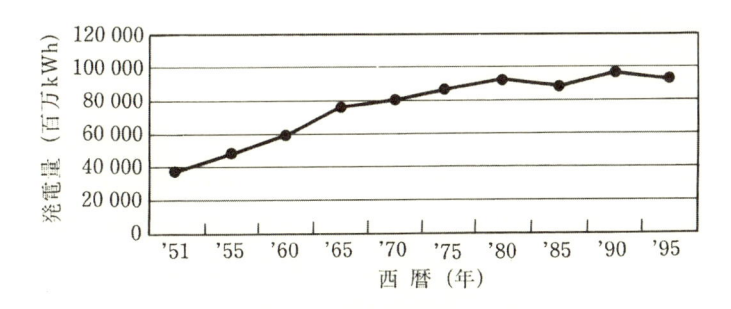

図 7.4　わが国の水力発電量の推移

一方，この時代はしばしば大きな自然災害に見舞われている．枕崎台風 (1945)，カスリーン台風 (1947)，ジェーン台風 (1950) などである．水の災害は氾濫による人的・社会的ダメージをあたえるだけでなく，倒木や土砂災害を併発し，国土の荒廃は森林資源，農産物，水産資源など長期にわたって自然の恩恵を減少させるという負のポテンシャルを抱えることになった．

水災害や水資源開発に対応した昭和 20〜30 年代（1945〜1965）の水問題は，つぎの 2 点について評価できる．第一に，戦後の復興のために「物」の生産と供給を保証する基盤エネルギー，および基本資源である水資源を確保するための科学と技術が飛躍的に発展した点である．降雨と地下浸透・河川流出という基本過程に関する水文学的知識と水を制御し管理する技術を理論的に導いた水理学的知識の飛躍を意味する．

第二に，水力エネルギーと水資源を安定して確保するには治山治水を必然的にともなわざるをえず，その結果として災害を避け安全な国土を作る基盤的な技術が得られたことに対する評価である．山野が緑を取りもどし，水文学・水理学の知識を背景に水工学の技術が向上した時代である．すなわち自然の改変が適正におこなわれれば，荒廃した国土を修復し，災害から安全な場と豊かな自然と資源を確保することが可能であることを物語っている．

7.2.3 水質規制と水質改善

昭和30〜40年代（1955〜1975）は経済高度成長にともなう水質負荷の増大で，水質汚濁が全国的に広まった時代である．とくに産業立地を背景にもつ都市域では都市河川や沿岸海域の汚染は，悪臭はもとより見た目にも耐えられるものでなかった．しかし公害対策基本法の制定（1967年）のあと，公害国会（昭和1970年）を経て水質汚濁防止法の制定（1970年）があり，公共用水域の水質の改善が徐々に進んでいった．その効果は図7.5の閉鎖性海域（東京湾，伊勢湾，瀬戸内海）に対するCOD発生負荷量の変化から判断できる．排水規制の対象は230余種の事業所からの排水であって，いわゆるポイントソースに対する規制が効果を上げたとみられる．しかし同図から生活排水による負荷は依然大きなウェイトを占めているし，その他系といわれるノンポイントソースに対する削減施策は積極的でない．

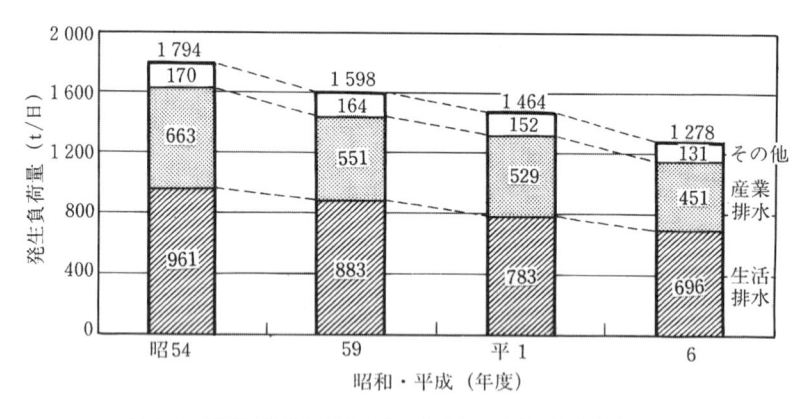

図7.5 閉鎖性海域に対する発生負荷量の変化（環境省資料より）

排水規制は，水域の有機汚濁に対する水質改善に一定の役割を果たしたとみられるが，富栄養化現象に対しては，保全対策そのもののありかたが問題視される場合がある．藻類増殖の主要制限因子である燐，窒素の排出を制限することには，本来生物代謝の必須元素である栄養塩としての燐，窒素の存在状態を変えることになりかねない．また閉鎖性水域は，生物生産を育む場としてやはり一つの代謝構造をもつわけで，人間の漁業活動も安定な代謝構造から得られる自然の恵みである．したがって富栄養化現象が進む課程で燐，窒素濃度にそれをこえると環境保全上好ましくないという閾値があって，こ

れについて科学的に論じ定められたのが環境基準である．琵琶湖は北湖の燐だけが環境基準を満足しており，北湖の窒素，南湖の燐，窒素の濃度が高い状態にある．琵琶湖に限らず全国60湖沼の燐，窒素の環境基準の達成率は38％（平成10年度）にすぎない．この環境基準が生物と人間の共生を科学的に保証する目標値ならば，おおかたの湖は正常な代謝構造をもっていないことになる．

7.2.4 水質から水環境へ

　水は物理化学的に際だった性質をもつ．常温で液体という相をもち，現実の自然界で気・液・固の3相の変換がおこなわれること，比熱が物質のなかで最大であること，気化熱・凝固熱として地球上の熱の移動に大きくかかわっていることなどが知られているが，なかでも自然環境としてごく普通にみられる「水は純水で凍ろうとする」「氷は水に浮く」という現象が興味深い．このお陰で，地球の表面に純度の高い水が集まり，水辺および陸域の生物はその恩恵におのずとあずかることになる．

　このように考えると，人間の飲み水として水量と水質の保証を求めることから生物にも必要な水を保証してやることで，人間の環境意識が広がることになる．具体的には河川，湖沼，海域の水質状態のみならず，生物の生息・生育の場，親水とアメニティの対象としても水質と水量を改善し，生物と人間の共生が深まる時代になってきた．しかし水環境のとらえかたが生物偏重になりすぎた面もあり，生物の生息・生育の場づくりのためだけに水をためたり，水の流れをつくったりしすぎるという反省もある．

7.3　都市・地域の水代謝

7.3.1　地域の水均衡

　地域の水均衡とは，水の空間的時間的賦存量と需要量の均衡をはかり，自然と人間生活が水に関して均等な恩恵をうける望ましい状態をいう．これまでの水資源の開発と供給システムは，この均衡性を目標に施策が講じられてきた．

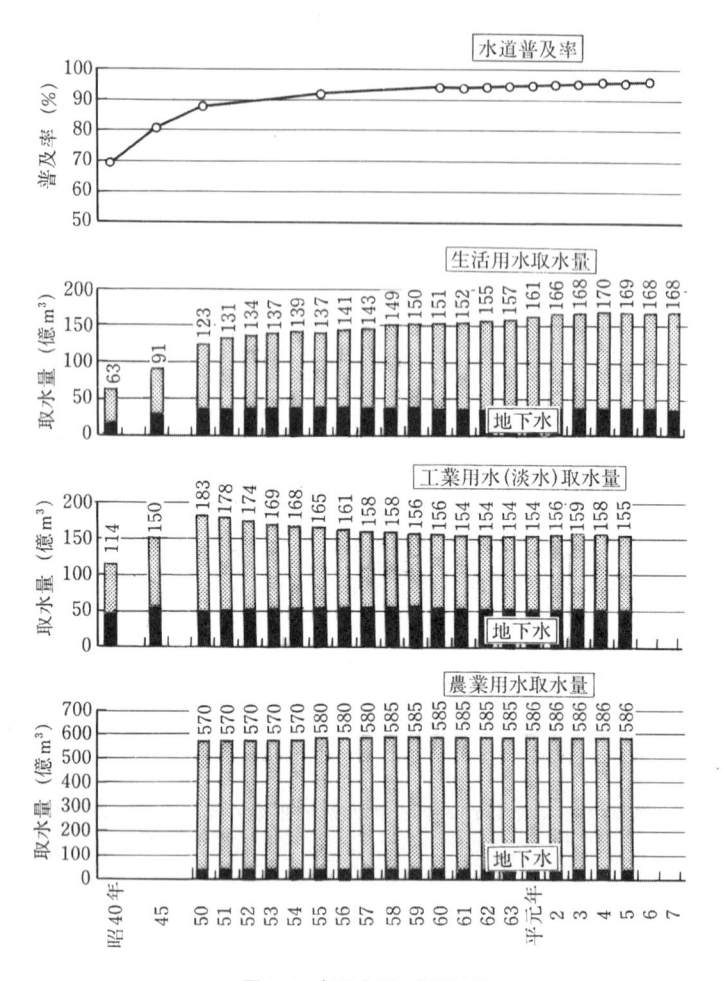

図 **7.6** 各用水量の経年変化

図7.6は用水別の取水量経年変化を示すものであるが，全国レベルでみる限り，水資源賦存量に対する供給量は安定状態に達している．すなわち，循環社会の形成が謳われ，人口増加も近い将来頭打ちになることが予想されているなかで，わが国における水資源取水ベースでは，基本的にはこの図の示すような安定量で十分だろうと予測されるのである．ただし留意すべき事項が2つある．一つはこの資源量によって将来の産業を制限するわけではないことである．工業用水取水量がここ20年で減少安定化しているのは，現在

表 7.3 水資源賦存量の地域特性

	地域 (関係都府県)	関東臨海 (埼玉・千葉・東京・神奈川)	近畿臨海 (大阪・兵庫・和歌山)	北九州 (福岡・佐賀・長崎・大分)
(1)	年降水量（平水年） (mm/年)	1512	1901	1941
(2)	水資源賦存量 (億 m³/年)	130	187	395
(3)	1人あたり賦存量 (m³/年)	409	1229	2298
	代表河川	利根川（栗橋）	淀川（枚方）	遠賀川（日の出橋）
(4)	流域面積　(km²)	8588	7281	695
(5)	基準点年総流量 (億 m³/年)	75.6	81.5	8.1
(6)	（主要県）都市計画 区域人口　(万人)	(東京都) 1170	(大阪府) 847	(福岡県) 221
(7)	1人あたり賦存量 (m³/年・人)	649	962	367

80％近い水の再利用率があるからで，産業活動が沈滞しているわけではない．都市用水，農業用水についても用水の活用の効率化，再利用率をもっと上げることができないだろうか．これによって豊かな都市環境，農業環境を形成する代謝構造を配備していかねばならないだろう．

二つ目は，国土における降水量の多寡，水需要量の大小に地域特性があることである．これを評価するのにしばしば1人あたりの水資源賦存量の地域比較がおこなわれる．しかしその評価値は表7.3において(3)と(7)とで大きな差違がある．(3)は大都市圏の中の臨海都府県人口とその地域の水資源賦存量との対比でみた1人あたりの水資源賦存量であり，関東臨海地域の水不足はわかるとしても，北九州臨海部の賦存量が大きいのは納得できない．一方，(7)ではそれぞれの臨海域に関係する主要河川を利根川，淀川，遠賀川と決め，その基準点年総流量と東京都，大阪府，福岡県の都市計画区域人口との対比で推定した1人あたりの水資源賦存量である．これによれば北九州臨海地域は潜在的にきわめて大きな水資源不足の状態にあり，近畿臨海地域は潤沢な状態にあるといえ，これが実態であろう．

このような地域による水資源の不均衡は，水資源の開発・調整によって豊水・平水・渇水による経年的不均衡の是正も含め，平準化することが原則であり，そのための政策推進を怠ってはならない．しかしながら地域水資源を潤沢にするのに新たな水量開発のみを意味するわけではない．むしろ現状の資源状態を基底とした資源調整に重きを置くものでなくてはならない．資源調整とは配水システムの合理化，効率化といったハードな事業に加え，水利用のライフサイクルと水環境に対する意識の地域特性を反映した地域に即応した実施計画を立てることである．

7.3.2 土地利用と水代謝

人間活動がある限り土地は利用形態を変える．自然状態の土地は自然の水循環と水代謝を有するが，社会の発達とともに土地利用形態の変化に対応した水循環と水代謝の変化が生じよう．だから健全な水循環や水代謝が損なわれない限度とはなにか，どのレベルをもって健全とするか，が問題である．自然を改変してきた人間の歴史からみた森林域，農耕地，沿岸域の水とのかかわり合いが水代謝の健全性を決定するとみられる．そこでまず，わが国の土地利用の変遷を表7.4でみてみよう．

表7.4より顕著な特徴として，農牧地が減少し，その分，宅地・工業用地の増加がみられる．このことは都市域の周辺へと市街地化が進むことで農耕地が失われていくものとみてよい．より詳しく調べると，この30年間で水田面積が22％減じており，一方，森林・原野面積は変化がないようにみえるが，実はこれは人工林，自然林を合わせた面積であって，自然林，とくに広葉樹林のみについてみると，ここ40年間で22％の減となっている．

森林は国土基盤の最も重要な位置にある．森林域の代謝のありかたが下流の中山間地域，平野部，沿岸域の土地を基本的に形成する．その場合，水循環過程での水による物質輸送が随伴することはいうまでもない．人工の手がおよんだ人工林は，わが国ではスギ・ヒノキ林が主である．安定した人工林は森林生態系としての代謝をふまえ，安定した量の化学物質を渓流を通じて下流へ輸送する．図7.7は化学物質の主要なものが人工林でどのような存在特性をもつかを調べたものだが，明らかに森林生態にとって活性のある物質（NO_3-N, K^+, Ca^{2+}, Mg^{2+} など）と不活性な物質（SiO_2, 電導度（EC），Cl^-,

7.3 都市・地域の水代謝 / 141

表 7.4 わが国における土地利用の変遷[3] (単位：千 km²)

年	農地・牧地	森林・原野	水面・河川・水路	宅地・工業用地	道路・その他
1980（昭55）	56.1	255.9	11.5	14.0	40.2
1981（昭56）	55.8	255.7	11.4	14.2	40.5
1982（昭57）	55.7	255.7	11.6	14.5	40.2
1983（昭58）	55.5	255.6	11.6	14.6	40.5
1984（昭59）	55.1	256.1	13.2	14.9	38.6
1985（昭60）	54.9	255.9	13.2	15.1	38.7
1986（昭61）	54.7	255.8	13.2	15.3	38.9
1987（昭62）	54.4	255.7	13.2	15.4	39.0
1988（昭63）	54.2	255.5	13.2	15.6	39.1
1989（平 1）	53.8	255.4	13.2	15.8	39.4
1990（平 2）	53.4	255.1	13.2	16.0	39.9
1991（平 3）	53.0	255.0	13.2	16.1	40.3
1992（平 4）	52.5	254.7	13.2	16.2	40.8
1993（平 5）	52.5	254.3	13.2	16.2	41.2
1994（平 6）	51.7	254.2	13.2	16.6	41.9
1995（平 7）	51.3	254.0	13.2	16.8	42.4

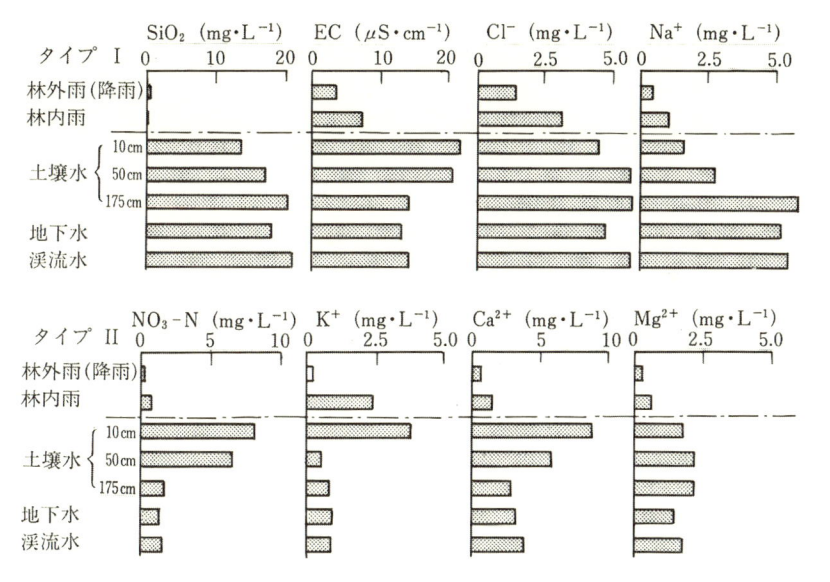

図 **7.7** 筑波山実験林の降雨，林内雨，土壌水，地下水，渓流水の化学物質の濃度特性[5]

Na^+ など)に分かれる.すなわち森林域の地下水や渓流水に含有するこれらの物質の存在状態が森林の代謝の結果をあらわし,森林域の水環境のバックグラウンドになっている.

畑地においては農業活動が水環境を強力に支配する.農耕活動のない中山間地域または平野部は本来上流森林域から発した河川や地下水の水質特性をもつが,図**7.8**に示すように,野菜の栽培では肥料の残留分が NO_3-N として地下水を汚染し,短い流下距離で環境基準 10 mg/L を大きくこえる高濃度に達している.農耕活動のおよぶ地域の地下水は,多かれ少なかれこのような水質状態にあり,用水管理あるいは排水路整備だけでは簡単にかたづかない水環境状態を形成している.この改良には適正な農業生態系を維持する水代謝の新たな展開が必要で,施肥管理,循環型用水システムを徹底的に推進することが必要である.

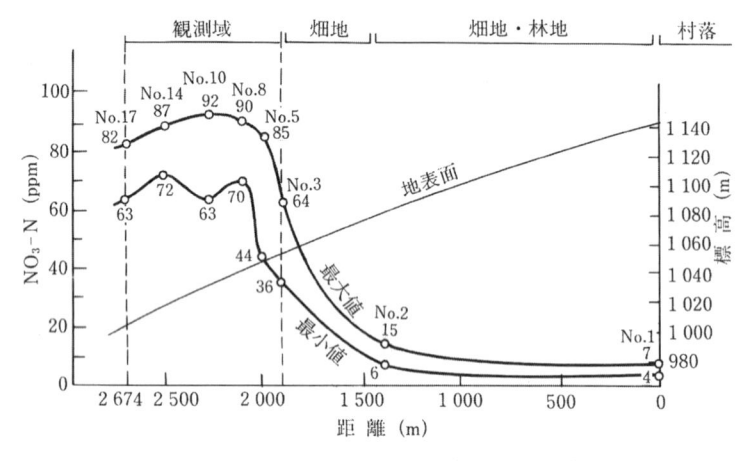

図 **7.8** 畑地地下水の NO_3-N 濃度分布 [6]

7.3.3 開放型水循環系と都市の水循環

開放型水循環系とは[7]流域の上流から下流への流下過程で,農業用水,都市用水の利用とそれらの排水のくり返しにより,結局は水系のなかで一方向的な水移動を構成している流れの系をいう.これに対し閉鎖型水循環系は,工場排水のクローズドシステムや下水道の再利用のような閉鎖的循環がくり返される流れの系である.開放型水循環系では河道に沿い取水・排水がくり返される結果,通常の水処理では排除されない,あるいは排除されにくい塩

類等や微量有害化学物質，あるいは環境ホルモンのような生態系を攪乱する物質などが下流にいくほど蓄積する，というやっかいな問題がある．これは水量の問題でなく，下水処理が発達した都市圏においても今後問題となる新たな水質問題である．

都市域における水循環系には固有の問題がある．それは流域全体からみると限られた面積でしかない都市域に降る雨や，そこを通過する河川の水，およびその地域の湧水といった，その地域独自の水だけでは，量と質の観点から水需要に対する供給システムが満足しえないという状態にあることである．すなわち，都市域にもたらされる水の自然的フラックスに加え，人為的フラックス（河川上流からの導水，あるいは地下水の揚水）が相当量存在することである．この様子は図7.9 (a) に示されている．また再利用のある場合の開放型水循環は同図 (b) のようになるが，企業による水の再利用は高まっているとはいえ，量的には大したものではない．

(a) 再利用のない開放型水循環系　(b) 再利用のある開放型水循環系

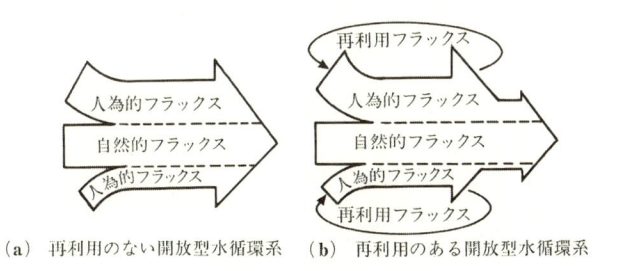

図 7.9　都市域の開放型水循環系

都市における人為的フラックスはどれくらいの量なのか．大阪市域で調査した水循環系とそのフラックスは年水収支として図7.10に示している．ここに 1990 年は豊水年，1992 年は平水年，1994 年は渇水年である．図より自然フラックスである降水量のおよそ2.5倍もの人為的フラックスが認められる．これは琵琶湖の水を淀川上流より取水したものとみてよい．大阪市域に限らず，大都会では降水量の2倍以上の人為的フラックスがある．周辺都市でも降水量と同程度以上の量が導水されている．

このようにみると，都市域の水循環は人為的フラックスをどう節減するか，再利用のシステムの整備と水環境に好ましくない物質フラックスの影響をど

う回避するかが問題であり,しかもその改良のために十分なエネルギーを費やすことは避けなければいけない.

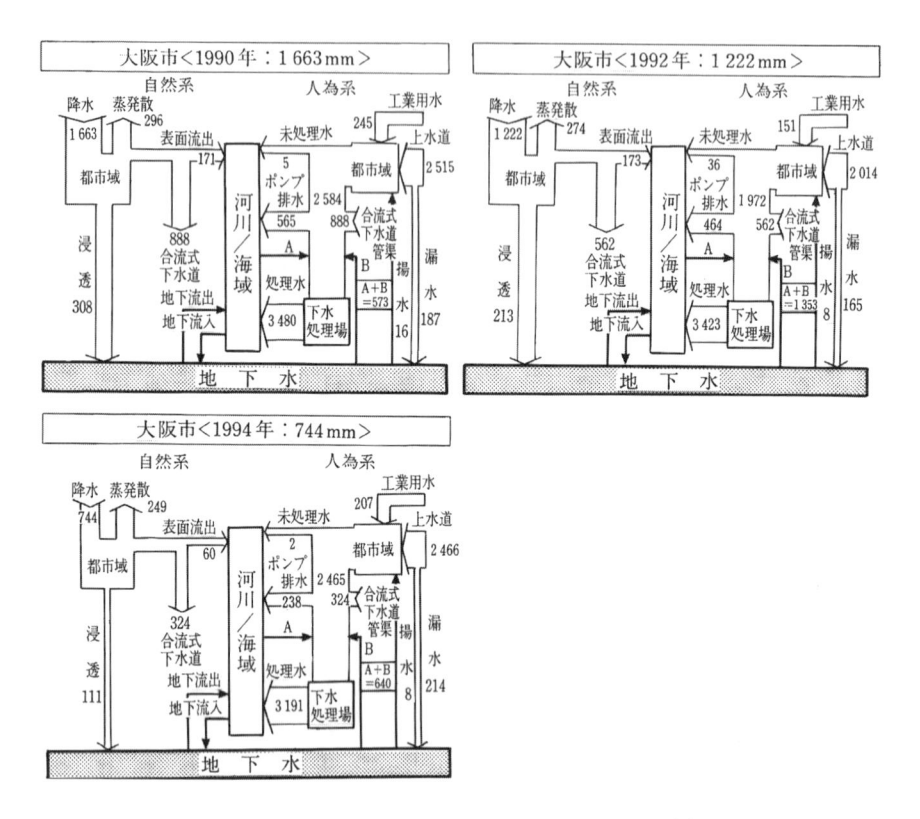

図 7.10 大阪市域における年水収支（単位：mm/年）[8]

7.3.4 都市の水代謝
（1）都市河川と都市域のかかわり

「川は地域共有の公共財産」という河川行政の新しい方向によって,都市河川は今後いっそう住民に近い存在になろう.都市基盤河川改修事業に市町村レベルの参画の制度が推進されるなかで,市民団体等のかかわる機会が増加している.キーワード「河相をいかした川づくり,個性的なまちづくり」[9]のように,都市域における川はそのまちの個性と符合したものでなくてはな

らず，単なる川，河道，川辺といったものだけが対象でなく，流域に相当する市街地空間との密接なかかわりに配慮する必要がある．

市街地空間での水代謝の具体的な施策あるいは規範となる行動を考えるには，(1) 降水，(2) 蒸発散，(3) 浸透，(4) 流水，(5) 導水，(6) 貯水，(7) 揚水，(8) 給排水，といった水の自然あるいは人為的な動態を背景に置かねばならない．

(2) 導水・下水道の新たな展開

都市域における総合的な治水対策には河道整備とあわせ，後述の各種貯留施設のほか下水道のもつ機能との連携が必須である．下水道の立場からは，合流式下水道の占める低平市街地において，本来の下水排水の浄化処理とともに雨水排除の機能をもあわせもつことになるから，水質の改善とともに治水との連携は当然となる．いわゆる総合治水事業というかたちで鶴見川（東京・神奈川），中川・綾瀬川（埼玉・東京・茨城），寝屋川（大阪）等，全国で約20河川での事業が進められている．

(3) 各種貯留施設の活用

都市域の治水事業には河道整備のほか，治水緑地（遊水池），湛水用地（運動場，小公園など），地下河川，地下調節池などの貯留施設があり，すでに設置されているところも多い．また広域住宅地域の造成にあわせ，緑地や校庭に礫を入れた地下槽，いわゆる礫間貯留施設が建設され，雨水の一時貯留をおこなうと同時に非雨天時に各種の雑用水，環境用水として貯留水を活用することもおこなわれている[10]．

都市域の貯留施設は本来出水時の流量ピークのカットのために備える施設であるが，都市域にしては大きな貯水容量を有している．たとえば大阪府下の低平地に位置する寝屋川流域（流域面積：270 km^2，流域人口：280万人）では総合治水の名のもとに各種の貯留施設が建設中である．その計画貯水容量の合計は872万 m^3 であり，これによって基本高水流量 2700 m^3/s のうち約 1200 m^3/s をカットする計画となっている．各貯水施設の貯水容量は，治水緑地では約340万 m^3，地下河川では約520万 m^3，地下貯水槽では約12万 m^3 程度の規模があるので，これらの貯留水をそれぞれの貯留施設の周辺で出水後に活用しようとする発想がある[11]．

もとよりこの水をただちに上水に活用できるわけではないが，水量として

は1人1日250Lの上水原単位を用いれば，流域人口の12.5日分の水量に相当する容量となっている．雨水貯留と同様，このような治水施設による一時貯留水は，水質の問題，および常時確保できないという貯留特性の問題がある．前者については通常，雑用水（散水，洗浄水など）および環境用水（せせらぎ水，河川浄化用水など）への活用が考えられる．後者については，降雨の統計特性に対応する貯留期待量の解析にもとづいて確保水量が検討される．

7.4 地球規模の水環境

7.4.1 土の劣化，水環境への影響

重金属，有機塩素化合物による土壌・地下水汚染が21世紀への負の遺産としてもちこされている．地下水の価値は，良好な水質，恒温性，安定した水量にあるとされ，古くから都市・地域で広く利用されてきた．地下水流の媒体であり，一体的な環境空間である土壌の価値については，土壌が身近な存在であるために常識的な認識であったりかえって認識不足であったりするが，つぎのような重要な価値を有している[12]．

- 作物生育の媒体 → 林産物，食糧，飼料等の生産
- 水質浄化機能 → 濾過，微生物による有機物分解
- 空気浄化機能 → 土壌吸着，窒素固定，脱窒
- バイオリアクター，バイオレミディエーション → 土壌動物，土壌細菌による浄化
- 保水，貯水，浸透機能 → 地下水涵養，土壌水分安定化
- 気候安定機能 → 気温，湿度の調整
- 文化の培地 → 土着文化の発祥，発達，継承

しかしながら，目立たないながらも広域的な「土の劣化」がとりざたされるようになった．「土の劣化」は「土の汚染」と異なる．後者は「公害」と位置づけられるが前者は地球規模で起こる環境問題であり，酸性雨とも関連するほか，地域の水，都市の地下環境とも関連する重要な課題である．

1974年来，FAO（国連食糧農業機構），UNESCO（国連教育科学文化機関），UNEP（国連環境計画）は，土の劣化を起こす潜在的な要因として「風

食」「水食」「塩類化」「アルカリ化」をあげている．そしてその行動要因として，(1) 森林の伐採，(2) 過放牧，(3) 農業開発と農事の不適切管理，(4) 植生の過剰利用，(5) 工業活動の加速化があるとしている．

7.4.2 淡水の涸渇と淡水保全

地球温暖化が進んでも地球上の水の総量は変わらないが，降水の強度変化および地域分布の差違が助長されるという．また人口増加による食糧生産のためには灌漑用水の確保が不可欠である．この2つのことから世界の各所で淡水危機が生じている[13]．

ユーフラテス川の水源地帯であるトルコと下流のシリアでは，河川水利用の権利をめぐって問題が起きつつある．ナイル川やメコン川でも上下流の国の間で淡水資源の獲得でもめている．黄河の中・下流部では上流の過剰取水によって15年も前から断流がみられるようになった．このように淡水資源をめぐる問題によって地球規模の水環境の破壊が顕在化しているだけでなく，国間の紛争は大きな戦争に発展しかねないと指摘する人もいる．

わが国には国際河川がなく，このような紛争は生じないかに思われるが，多量の食糧を輸入していることから国外の水環境の悪化に関係している点を認識せねばなるまい．小麦粉1kgを得るのに水1tを要するといわれるように，農業生産には多量の淡水がいる．わが国でも自前の水を有効に活用し水環境の保全に努めるとともに，その技術を諸外国に移転させることにより，地球規模の水環境保全に貢献しなければならない．

7.4.3 二酸化炭素削減と水利用

二酸化炭素など温室効果ガスの増加による地球温暖化問題は，現在急務の国際環境問題である．水道の水$1m^3$を利用するとどれくらいの二酸化炭素を発生することになるか，以下のような資料がある[14]．

- 水の開発　ダムの建設　　　　　発生炭素量：$0.02 \, C\,kg/m^3$
- 水の供給　上水道（浄水と給水）　　　　$0.05 \, C\,kg/m^3$
- 水の利用　家庭　　　　　　　　　　　　（なし）
- 水の排水　下水道（処理と排水）　　　　$0.05 \, C\,kg/m^3$
- 　　　　　　　　　　　　　（合計）　　$0.12 \, C\,kg/m^3$

毎月 20 m³ の水を使う家庭では，毎月 2.4 kg の炭素量を発生させることになる．COP3 における京都議定書による 2010 年前後の二酸化炭素削減率 6% にしたがって，家庭の水利用でも同率の削減をしようとすると，毎月 1.2 m³ の節水を必要とし，これによって水道料金 211 円* を節約することができる．

参考文献

[1]　都市計画教育研究会 編：都市計画教科書（第 2 版），彰国社（1999），p.11
[2]　総合的環境指標検討会 編：報告書「総合的環境指標のとりまとめと活用について（1999），p.119
[3]　村岡浩爾：水質保全から水環境保全へ，水環境学会誌，Vol.23, No.10（2000），pp.599–603
[4]　中央環境審議会企画政策部会：「環境保全上健全な水循環の在り方」に関する検討チーム報告書（2000），pp.8–9
[5]　平田健正，村岡浩爾：山地小流域における溶存物質の降雨特性について，第 32 回水理講演会論文集（1988），pp.49–54
[6]　村岡浩爾，平田健正，岩田 敏：畑地における水分と物質の移動特性に関する研究（I）観測結果と検討，国立公害研究所研究報告書第 94 号，R-94-86（1986），pp.93–103
[7]　松井三郎：近畿の水環境の毒性評価，日本水環境学会編「日本の水環境/近畿編」4.5，技報堂出版（2000），pp.202–207
[8]　村岡浩爾：21 世紀における環境創造を目指して—都市環境の立場から，第 12 回環境工学連合講演会論文集（1997），pp.53–56
[9]　進士五十八：私の川・いろいろ，川のあるまち・いろいろ，河川，Vol.1（1999），pp.20–24
[10]　村岡浩爾，大島禎司，山本行高：住宅造成地の礫間貯留施設による低水流量維持と流出抑制の効果に関する研究，水環境学会誌，Vol.23, No.4（2000），pp.226–231
[11]　村岡治道，村岡浩爾：総合治水計画に基づいた治水と利水の共生，土木学会論文集，No.652/II-52（2000），pp.27–38
[12]　岩田進午，喜田大三 監修：土の土壌圏，フジ・テクノシステム（1997），pp.415–834
[13]　高橋 裕，河田恵昭 編：水循環と流域環境，岩波講座・地球環境学 7，岩波書店（1998），pp.1–13
[14]　国土庁水資源部：平成 10 年版・日本の水資源（1998），pp.3–33

---

*平成 12 年度の全国平均水道料金：176 円/m³

第8章　都市活動と水資源

8.1　近代上下水道への道程　　150
8.2　公衆衛生と環境保全のための上下水道　　154
8.3　これからの上下水道　　160

8.1 近代上下水道への道程

　水環境は地球の水循環の一つのあらわれである．とくに，人の生活と深くかかわっている淡水資源を考えるとき，その循環量は一定であり，約1週間から10日間で循環し，約$150 \times 10^{12} \mathrm{m}^3$にすぎない．すなわち，その約$150 \times 10^{12} \mathrm{m}^3$の淡水資源を現在は60億人が，やがては80億人が，21世紀末には100億人が利用することになるのである．しかし，淡水資源は季節的かつ地域的に偏在していることはいうまでもない．この淡水資源は地表から蒸発した水が再び雨水となって地表に到達し，それらがまとまって河川水のような表流水になり，一部は地下水となって，水資源として存在するようになる．雨水は基本的に汚染物質を含んでいないが，流出過程で，地表の汚染物質を含むようになる．そのため表流水はそのままでは飲用を含め利用するには大きなリスクがともなうことになる．地下水はその涵養過程で土壌の自浄作用により地表の汚染物質が低減されるため，土壌中に有害無機物質が存在してそれが溶出しない限り，そのまま利用することができる．このような清冽な地下水を除いて，水資源として存在する淡水資源のほとんどはそのままでは利用できないばかりでなく，そのまま利用したら感染症を含めさまざまな健康障害や利水障害をまねく原因となる．

　水を使うということは水のもっている溶解力や，流送力や熱特性を利用しているのであるから，水のある場所へいくか，水を使うあるいは必要とする場所まで水を運ばなければならない．そして，その用途に合う水の性質 ── たとえば飲み水であれば健康障害が生じないよう ── に処理をしなければならない．下水道や産業廃水処理システムも，水の属性を用いて不要物を生活や生産の場から排除して，それぞれの場の環境を整えているという意味からすれば，水を使っているということになる．しかし，多くの都市や集落は淡水資源をめぐって散在し，そこには上下流の関係があることから，利水において，また排水にあっても，水処理という工学的な手段を用いて，それらの間の調和をはかってきた．このように自然の大きな水循環のなかで，用排水という人為的な水循環を構成し，まさに水の代謝を営んでいるのである．

日本は瑞穂国(みずほのくに)の美称をもつ．瑞と水とに同じ訓をあてていることは，日本が水稲農業が可能な，水に恵まれた国であることをものがたる．鎌倉時代以降，地方の豪族がその屋敷を中心にした城郭を自然河川や湖沼のまわりに築くようになり，水を防御策として活用したが，これも水が一年を通じて涸れることがないほどに水に恵まれた国であったからであろう．しかし，江戸時代に入り都市に人びとが集中するようになると，もともとごく限られた城郭と近隣の集落の営みをまかなっていた地下水や湧水だけでは都市の営みができなくなり，江戸をはじめ全国主要な城下町で用水事業がおこなわれた．

　江戸時代の用水事業としてもっとも有名なものは，江戸の玉川用水である．玉川用水は玉川の上流の羽村から現在の本郷あたりまでに達する 43 km にわたる用水路であり，1654 年に建設された．毎秒 6 m^3 の水を導水し，木管等の用水管によって町中に設けた約 4 000 の用水井戸まで水を分配した．現在の新宿副都心にあった淀橋浄水場の導水施設としてごく最近まで利用され，今日でも一部が東京都の水道に利用されている．建設当時の江戸の人口は約 130 万人，世界最大の都市であったといわれる．このような大規模な都市の営みを可能にしたのは，やはり水が豊かな国土であったからであろう[1]．

　江戸時代は，長い間鎖国政策をとっていたため，また江戸時代以前には国際交流が現在のように活発でなかったこともあり，ペスト，チフス，コレラ，梅毒等重篤な疾病の原因となる感染性微生物による汚染はなかった．また，稲作中心の農業において屎尿は農業用肥料として利用され，人口増に対応するため，江戸幕府は屎尿等の廃棄物の肥料利用を奨励し，そのため汲み取り便所を有する家屋の形態が成立した．このように，感染性微生物の汚染源でもある屎尿を農業で利用しなければならないという農業環境と鎖国政策が，屎尿による公衆衛生上の問題の回避を可能にしていたのである．そのため，玉川の上流で取水し，玉川用水にごみ等を投げ捨てないよう取り締まったり，土砂が堆積した用水井戸を定期的に掃除する程度のことで，水に由来する伝染病を防ぐことができたのであろう．江戸以外の城下町でも同じような状況であったことが知られている．

　このような伝統的な水をめぐる状況は，日本ばかりでなくヨーロッパでも同じであったことは，都市郊外から清潔な水を輸送する水道がローマ時代に

建設されたことや,今日でもそれらの施設が利用されていることからもわかる.しかし,大航海時代に入ると,アフリカ大陸やインド大陸からヨーロッパにはなかった感染性微生物がもたらされ,産業革命を契機に都市が急激に膨張するようになると,コレラ,チフスの大流行にみまわれた.ヨーロッパ諸国では,わが国のように屎尿を農業用肥料として利用してこなかった.そのため,汲み取り便所を家屋内に設けることはなく,廃棄物として屋外から道路などに排出した.そして,道路に堆積した汚物は清掃したり,下水溝に投げ,河川へ流出させていた.16世紀に開発された水洗便所も,雨水排除を目的として設備された下水路に排出していたにすぎない.

　このような屎尿をめぐる都市環境は都市用水の水源である河川を汚濁したため,都市用水の取水位置を都市廃棄物の影響をうけない上流部に移したり,深井戸水を利用することがおこなわれたが,コレラの度重なる発生にみまわれていた.そのため,都市の環境衛生をまもるために清冽な水道水を供給できる施設が整備されるようになったのである.処理した水の供給は,1829年にロンドンでエドウィン チャドウィックがテームス川の水を濾過して給水したのがはじまりである.そして1855年,ロンドンでのコレラの大発生時に,テームス川からポンプで汲み上げ濾過をした水を供給しているブロードストリート地区では,コレラの発生が非常に少ないことをジョン スノーが統計的に明らかにし,また,チフスや赤痢が不潔な水道水によって伝染することを明らかにしたことから,衛生的に処理した水の供給が定着するようになった[2].ちなみに,ジョン スノーのこの業績が疫学のはじまりであるといわれている.

　1892年,ハンブルグで発生したコレラの大流行の原因が汚染された水であったことから,表流水か地下水を濾過して供給する施設が整備された.これと相前後する1883年には,コッホがコレラ菌をエジプトのコレラ流行時に発見し,コレラ等の感染症が感染性の微生物によることが科学的に証明された.このようなことから,1882年からロンドン水道で定期的な細菌試験がはじまり,1908年からは塩素処理がおこなわれるようになった.

　日本でも江戸時代の終焉に近づくころから,インドからインドネシア,中国沿岸に伝播したコレラが,海外との通商が盛んになるとともに長崎で発生し,それが関西を経て江戸にまで広がるようになった.1860年に長崎に発生

したコレラはわずか2ヶ月間のうちに江戸にまで広がり,41 000人もの死者が発生したとされる．まさに，開国によりそれまでわが国になかった感染症が移入されたことと，江戸幕府末期に職業選択の規制がゆるみ，人口移動が増したことがコレラの大流行をもたらした，といえる．明治時代に入ると，開港地を中心にコレラの常襲的な発生をみた．1870年に横浜で発生したコレラの大流行は死者が30 000人以上と非常に深刻なものであったといわれている．1878年にイギリス人グリートの指導のもとでコレラの発生と，飲料水および排水路（どぶ）の汚染との関係を明らかにする調査がおこなわれた[3]．これが，おそらくわが国で最初の疫学調査であろうが，ジョン スノーによるロンドンでの疫学調査からわずか約20年を経過した時点での調査であり，開国当初でありながら科学技術の移転が非常な速さでおこなわれていたことをものがたっている．

　当時の横浜は文明開化と近代通商の窓口であったが，この活動に大きな役割を担っていた外国人がコレラを恐れて横浜から上海等へ拠点を移そうする動きがあり，それを危惧した政府が清潔な飲料水を供給する事業を実施した．まさに感染症が日本ではじめての近代水道創設の契機となったのである．1888年に日本ではじめて，緩速濾過した水を有圧の水道管で供給するという今日の水道と同じ施設が整備された．このように水道の整備は，チフスやコレラ等消化器系感染症対策として，とくに，人口密度が高いため感染症の拡大するリスクの高い都市を中心に進められてきた．一方，屎尿処理や下水道の整備は水道に比べて遅れた．屎尿は農業利用が定着していたこともあって，汲み取り制度にまかせられていた．下水道の整備も1900年に下水道法が公布されたものの，土地の清潔を保持することを目的とし，雨水や都市排水を排除するために整備されたものであり，水洗便所の接続を認めてはいなかった．このようなことから，都市の感染症対策は水道を基幹としておこなわれてきたが，それでも東京，大阪のような大都市や県庁所在地のような地方都市での整備に限られていた．

　第二次世界大戦が終了し，海外から多くの人びとが帰国し，栄養状態の悪い疲弊した人びとが多くなると，図8.1に示すように，国内では赤痢やチフスなどの消化器系感染症が猛威を振るうようになった．また，占領軍総司令部は占領軍関係者の健康をまもるため，戦場における衛生規則をもとに，水

道における塩素処理の徹底を1945年に占領軍総司令部命令として発布し，飲み水の安全性確保を強く指令した．帰国者ばかりでなく地方に疎開していた人びとも都市にもどるようになると，感染のリスクが高まり消化器系感染症対策が大きな課題となった．赤痢やチフスばかりでなく，ポリオも高い頻度で発生するようになり，屎尿の衛生処理と安全な飲料水の確保が強く求められるようになったのである．

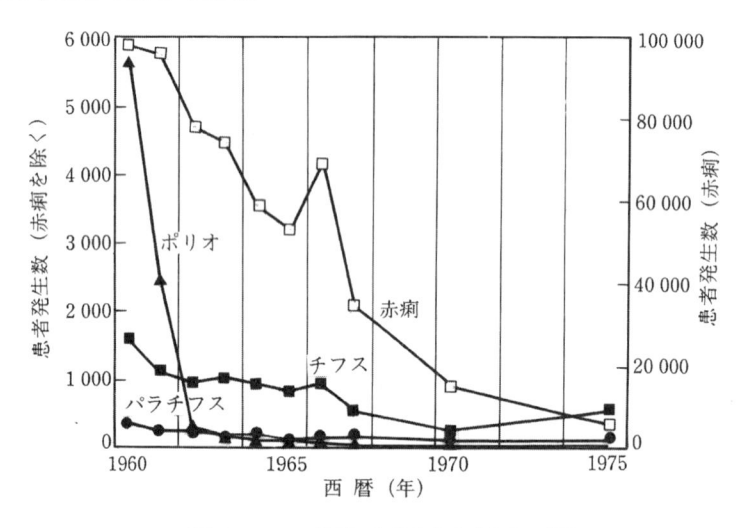

図 8.1　1960年代における水系感染症の推移

8.2　公衆衛生と環境保全のための上下水道

1946年に定められた憲法第25条では，公衆衛生の向上という国民の権利と国の義務が明確に示された．これはまさに疲弊した国民が，消化器系感染症を含めたさまざまな感染症に苦しめられていたことを反映したものであろう．このような新しい憲法のもとで公衆衛生の向上に関係する法律が定められ，1957年に制定された水道法が「水道は豊富，低廉で清浄な水道水を供給することにより公衆衛生の向上に資する」ことを目的としているように，下水道法および廃棄物および清掃に関する法律（廃掃法）にあっても，その目的は公衆衛生の向上に資するとしている．コレラなどの疫病から人びとをまもる環境衛生に関する法律の制定を転機として，それまでは都市部を中心と

して整備されてきた水道が，広く国民が衛生的な水を享受することができるよう地方都市から農山村まで水道が整備されるように変わり，図 8.2 に示すように，今日では 97 % 以上の水道普及率にまで到達し，実質的にすべての国民が清浄な水道水を利用できるようになったのである．また，屎尿の衛生処理や下水道の整備も図 8.2 に示すように推進され，屎尿の衛生的な処理も達成された．

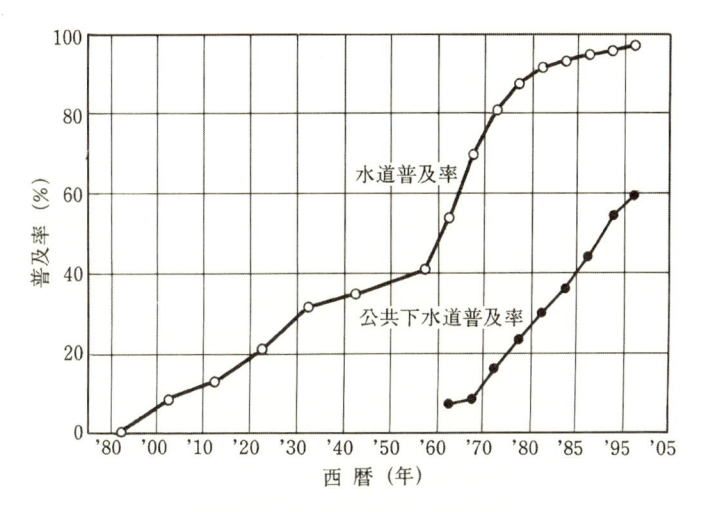

図 8.2 上下水道普及率の推移

　1960 年代後半からの工業化社会への変貌を遂げる過程で，河川や湖沼等の水環境は工業排水などの影響を受けて汚濁がいちじるしく進行した．水俣病やイタイイタイ病のようにヒトの健康を直接損なうばかりでなく，隅田川等都市内河川からは硫化水素等の嫌気性分解による異臭ガスが発生したり，水道水源では界面活性剤等により水道原水として利用できないところまで水質汚濁が進行した．このようなことから公害対策基本法が制定され，1971 年に環境庁が設立されて，汚染された環境を修復するための政策が進められるようになり，下水道法や廃掃法に公衆衛生の向上に加えて生活環境の保全をはかるという目的が追加された．

　このような経験をふまえ，ヒトの健康を保護することや生活環境を保全するための環境基準が定められ，水道水の安全性を確保するばかりでなく，さまざまな用途で利用されている公共用水域の保全をはかるための施策がとら

れるようになったのである．

　工業化が進行し，国民の生活も豊かになるにつれて，水道水の使用量増加とともに水道の普及率も上昇し，増加しつづける水需要に対応するためダム・貯水池の整備や浄水場等の水道施設の拡張・整備がおこなわれるようになった．そのため，図8.3に示すように，1960年代では約70億 m^3/年であった水道水使用量も現在ではその2倍の約150億 m^3/年にまで増加している．水道で一度使われた水は排水となって再び川等にもどっていくため，それだけ排水量が増加したことになる．工業や農業で利用された水についても排水となって河川などにもどっていくので結局，水使用量の増加は河川，湖沼や海を汚染する物質が増加したことになる．

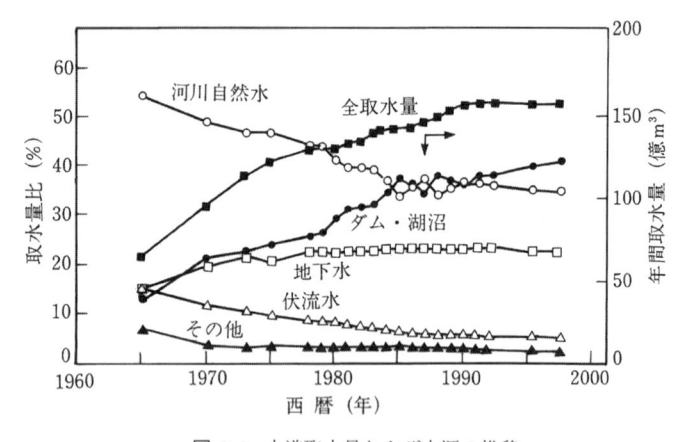

図 8.3 水道取水量および水源の推移

　環境基準を達成するために，事業所排水の排出規制，土地利用および施設の設置に関する規制あるいは公共下水道の整備などがはかられている．排出に関する規制は水質汚濁防止法では排水基準を定めているが，この排水基準は排水中の汚濁物質が公共用水域で10倍に希釈されることが期待され，結果的に環境基準を満たすことになるという考えにもとづいて定められている．しかし，1970年代当初の都市用水と工業用水の使用量は水資源賦存量の約5％であったから，平均的にみれば排水は20倍の水で希釈されたことになるので，排水基準設定の根拠は妥当であった．しかし，今日水資源賦存量の約12％を都市用水などで利用しているため，希釈倍率は10倍以下になっており，環境基準達成率の向上が遅れている一つの理由になっていると考える．

生活環境項目の環境基準を達成するため公共下水道の整備が進められている．しかし，公共下水道の普及率は1999年度（平成11）において60％程度であり，同年度で3兆6000億円の建設事業費が示すようにGNPの0.5～0.8％の予算で建設事業を展開してきても，年2％弱の普及率の上昇を示しているのみである[4]．さらに公共下水道の普及率の高い地域は，図8.4に示すように河口部や沿岸部に位置する政令指定都市等大都市に偏在しており，都市内河川や沿岸部の水質汚濁防

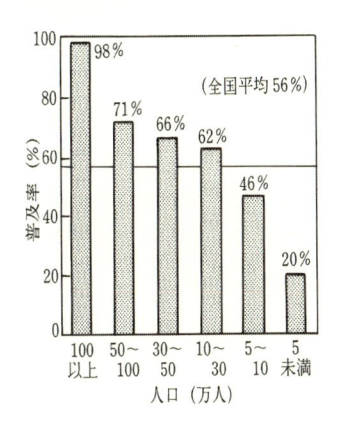

図8.4 人口規模別公共下水道普及率（1997年）

止に寄与しているものの，水道水源である河川上中流部での普及率は依然として低い．公共下水道が整備されていない地域では汲み取り屎尿の衛生処理や単独浄化槽が普及しているが，生活雑排水と屎尿をあわせて処理して，公共下水道の下水処理場程度の処理水を得ることができる合併処理浄化槽の普及促進がはかられてはいる．しかし，その整備は公共下水道の整備と同じようにゆるやかであり，生活排水が水道の普及率と同程度にまで処理されるようになるには，かなりの期間がかかるものと考えざるをえない．

　科学技術の進歩は，さまざまな便益をもたらすようになったが，一方で，新たな化学物質が身のまわりの生活で利用され，環境にも排出されるようになってきている．とくに合成洗剤の利用が飛躍的にふえると，合成洗剤の効果を高めるために添加されていた燐化合物の影響で，ダムや湖沼でアオコをはじめとする藻類が異常繁殖し，これにより水道水に異臭味がつく障害が発生し，海域では赤潮による漁業被害が発生するようになった．また，農薬やその他の化学物質による水環境の汚染が報告されるようになった．これには，増加する水需要に対応するために建設・整備されたダム・貯水池などの停滞水域の増加が，その影響のおよぶ範囲を拡大したこともある．

　化学物質が環境中から検出されるようになるとともに，化学物質についての毒性学的な，とくに発ガンの観点からの科学が進歩し，健康影響リスクを評価することができるようになってきた．一方で，欧米工業先進国やわが国

でも高齢化社会が進行し，環境中の化学物質等環境要因に対して感受性の高い集団が多くなり，そのため化学物質による具体的な健康被害が認められなくても，未然に健康被害を防止することが求められるようになってきた．このようなことから，1984年にWHO（世界保健機関）は，飲料水の水質ガイドラインを定めたように，水道水の安全性管理の対象に微量で存在するものの有害性のある化学物質を加えるようになったのである[6]．

わが国でも1981年に水道水中のトリハロメタンの制御目標を定めるなどの対応をとってきたが，1993年に水道法に定める水質基準を抜本的に改正し，図8.5に示すように，健康影響リスクの観点からの項目を大幅に増加させた．

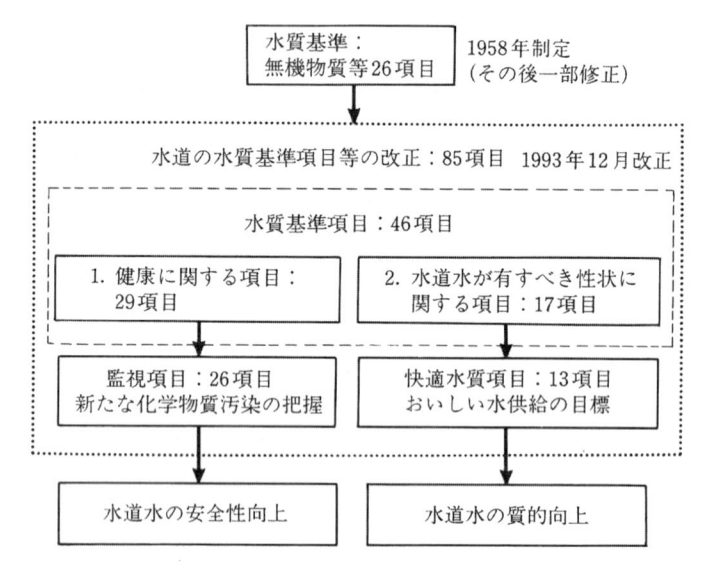

図 8.5 水道水質基準改正の概要

このような対応をとるようになった背景として，水道水の快適性が損なわれるとともに，その安全性に対しても国民の不安が増大し，ボトル水や浄水器を利用する割合が増加し，水道そのものに対する不信が高まる兆候が認められたことがある．水道は社会基盤施設であり，老若，貧富を問わずすべての人びとが利用しているものであるから，そのサービスの対価としての水道料金の支払い意志が減少することは水道の持続性を危うくすることになる．このため，国民の生活水準や健康観での水道水への要求に対して，その質を具

体的に表現し，評価できる新たな考え方にもとづいた水質基準の体系を成立させたのである．すなわち，健康影響の蓋然性のある物質を対象とした水質基準から，健康影響の可能性（健康影響リスク）を実質的に無視できる水準をもとにした水質基準に変わっている．新たな水質基準では，ヒトについての疫学や毒性学等の科学的な情報ばかりでなく，動物でのそれらの科学的な情報でもヒトに適用できるとした．

その結果，水道の水質基準は従来の水質基準に比べて，水道水による健康影響を安全な水準から健康影響リスクが実質的に無視できる水準にまでひき上げられ，従来の基準でみたときのリスクは 10^{-4} 程度であったものが，10^{-5} 程度までひき下げられたと考えている．この水道水質基準改正とともに，環境基本法（旧公害対策基本法）に定める環境基準も改正され，

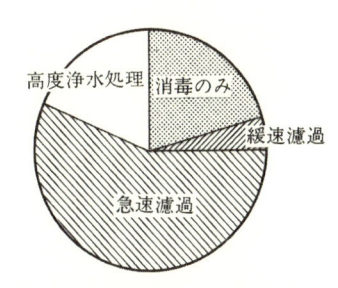

図 8.6 浄水処理方式の現況（1999年）

水環境での環境影響リスク管理のありかたが大きく進歩した．上水道にあっては図 8.6 に示すように，オゾン・活性炭処理を付加した高度浄水処理が積極的に導入されている．

このような化学物質に関する健康影響リスクを低減化する体制が整備されたが，1996 年に人口 13 000 人の埼玉県越生町で，図 8.7 に示すように，約 9 000 人の人びとがクリプトスポリジウムによる水系集団消化器系感染症に罹患した．水道は感染性微生物による集団感染症を防ぐことを目的として整備されてきたのであるが，残念ながら水道がその集団感染症の要因になったのである[7]．これは，化学物質に対する健康影響リスクの制御と管理をあわせて，感染性微生物の制御と管理をともにおこなわなければならないことを警告している．大腸菌 O-157 やクリプトスポリジウムは人や食品の国際的な流動化とともにわが国に伝播されたものであり，明治時代や第二次世界大戦後の国際化にともなって新たな感染症が課題となったことと，その背景はおなじである．

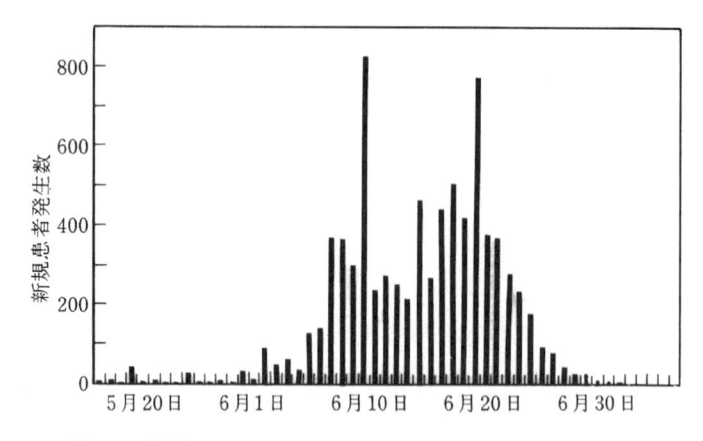

図 8.7 越生町におけるクリプトスポリジウム患者発生報告数の推移

8.3 これからの上下水道

　上下水道は社会活動を支え，また，山紫水明の国土環境を保全するために欠くことができない社会基盤施設である．水道にしろ，下水道（屎尿の衛生処理を含めて）にしろその普及率が高まり，道路等の公共施設や治水事業と同じようにすべての国民の生活と社会・経済活動に深くかかわり，上下水道以外の方策によって水を得，廃水を適正に処理することができない状態にある．そのような意味では，公衆衛生の向上をはかるための上下水道の整備の時代は極限状況を迎えたといえる．

　しかし，高普及時代を迎えた水道施設や大都市の下水道施設はいずれも30年以上前に整備された施設が多い．コンクリート構造物，管路施設，電気機械施設と情報施設等は物理的な耐用年数を有している．すなわち，施設更新の時代を迎えつつある．機能の更新ということになれば，これまでと同様な陳腐な施設でよいということにはならない．これまでより機能が高い施設でなければならない．施設更新が遅れたり，陳腐化した施設に更新されたりして，上下水道サービスが低下すれば，それだけ水道料金や下水道使用料金に対する支払い意志が低下し，ひいては施設の維持管理や更新に必要な資金を調達できなくなり，持続的な発展を阻害するようになるのである．一方で，上下水道サービスを向上させるために，上下水道が社会基盤施設として不可欠

であるからといって，エネルギーや環境への配慮が免責されるものではない．1998年度（平成10年）においてすら上下水道での電力使用量は140億kWHに達し，わが国の総電力使用量の1.5％にもおよぶ．エネルギー消費は，下水道整備率の向上や上下水道における高度浄水処理，高度下水処理の普及にともなってさらに増加すると想定される[5]．

これからの上下水道は，少子・高齢化社会という環境因子に対してますます感受性の高い集団が増えることにともない，良質でリスクの低い都市用排水環境の整備が求められるものの，それとともに省資源・エネルギーを含めて環境へのインパクトのより少ない社会基盤施設としての義務を果たすことができるものでなければならない．すなわち，21世紀を見通したとき，新しい概念のもとでの上下水の規範が求められているのである．

水道のみが生活や社会活動に必要な水を供給する体制にあるとき，その水道に求められるのはすべての用途に利用できる水を，安定的に供給できることにある．そのような意味で水道は地域独占的な施設であるとともに，水道利用者にその活動のすべてがみえるものでなければならない．しかし，水道は自然の大きな水循環のなかに位置していることから，地域の水循環の大きさを前提にしたものにならざるをえないことはいうまでもない．日本列島の水資源量は一定で，有限であるが，少なくとも社会活動や農業を含めて産業に必要な水を海外から輸入するというようなことは成立しないであろう．

列島内で，現在よりも水資源の流動性が増す可能性はないわけでもない．しかし，関東や関西の首都圏は水資源賦存量の50％以上を利用しており，流動性の限界に到達していると考えるべきであろう．このような地域での下水道は雨水と汚水をともに排除する合流式下水道が多く，しかも都市用水の使用量が大きい．一方で，これらの地域の利水安全度は，他の地域に比べて低いため小雨の影響をうけやすい．したがって，その影響は単に都市用水取水や給水制限ばかりでなく，河川の希釈水量低下にともなう水質劣化や，都市域内からの蒸発量の減少にともなうヒートアイランド現象にまで多岐におよんでいる．このようなことは，合流式下水道から分流式下水道へ，雨水の域内浸透による地下水涵養とその利用，下水処理水の有効利用をはかるとともに，水道についても現在の水道に加えて，飲用にもっぱら供給する上質水道の整備をはからなければならないことを求めている．またさらに，これらの

地域では，すでに水資源の広域的な管理と利用が実質的になされていることから，水循環に関与するすべてのセクターが一つの組織（institute）として機能するべき段階に入っている．

　水環境・資源管理は経済効率を重視する傾向にあり，人口，産業等諸機能が都市域に集中したため，公害問題や画一的な都市・治水施設の整備などに重点がおかれてきた．そのため水環境，水資源等にかかわる諸制度のほとんどは，産業や都市活動など人為活動と関係するところに重点が置かれてきた．しかし，水環境への負荷源は人為活動によるばかりでなく，地下水や温泉水を含めた水循環の過程で地質・土壌由来の有害物質も存在する．温泉水等地質的要因にもとづく砒素，ホウ素，アンチモンの無機有害物質による汚染が全国的に存在し，水資源の有効利用を阻害している[8]．従来は地下水の利用に関する制度や，自然由来の環境影響物質についての対策をおこなううえでの制度が十分整備されていないため，このような問題についての検討は少なかった．しかし，水循環のなかでは降雨量の 30 % 程度が地下水として存在し，地下水はエネルギー消費が少なくて利用できる水資源であることから，水環境保全上への意義は大きく，これまでの水環境保全の流れからみれば，水環境を補強する最も有効な資源として考えなければならない．

　環境の科学技術は，1960 年代の高度経済成長期に水質汚濁や大気汚染が深刻になってから活性化したもので，十分に成熟した科学技術ではない．それは，水処理技術，環境管理，質の評価という要素からみても，多くの課題と，そのための科学技術の進歩が求められていることから明らかである．わが国の環境管理制度は，欧米の工業先進国と同じ程度の水準にあることは確かである．それは，必ずしも十分な認識のもとに築かれたものではないが，結果としてはわが国の自然，文化，科学技術と経済的な背景を考慮して確立されてきた．

　わが国の水質基準は，国際的な環境管理のための達成目標ともいうべきクライテリアやガイドライン等をもとに策定されている（図8.8）が，開発途上国や新興工業発展国でも，個々の国々の自然，文化，科学技術と経済的な制約条件を考慮した，それぞれの国での基準あるいは規制の策定が必要であり，それへの支援を積極的に進めなければならない．水資源は有限である．世界の人口はますます増加の一途をたどる一方，わが国を含めて工業先進国が開

発途上国の多くに食糧を依存することは，とりもなおさず地域的に偏在している水資源を食糧という形で輸入していることにほかならない．この意味で，我われは世界の水資源と水循環に深くかかわっているのである．

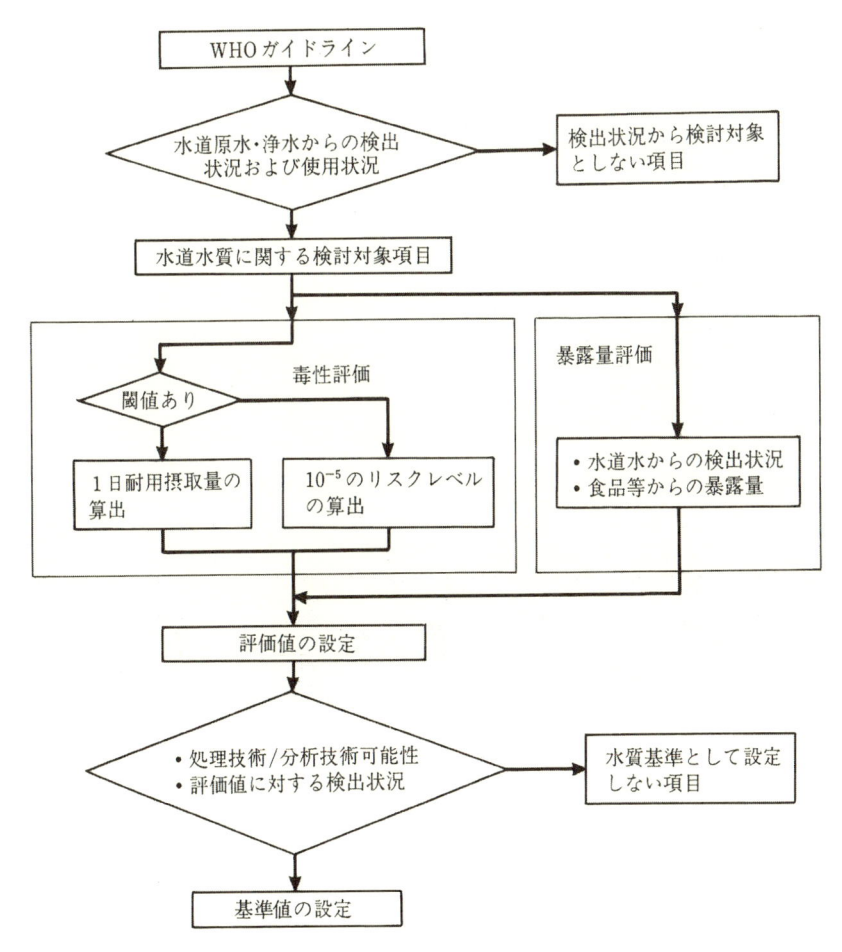

```
                    ┌─────────────────┐
                    │ WHO ガイドライン │
                    └────────┬────────┘
                             │
                    ╱────────┴────────╲         ┌──────────────────┐
                   ╱  水道原水・浄水からの検出  ╲───→│ 検出状況から検討対象 │
                   ╲  状況および使用状況       ╱    │ としない項目       │
                    ╲────────┬────────╱         └──────────────────┘
                             │
                  ┌──────────┴──────────┐
                  │ 水道水質に関する検討対象項目 │
                  └──────────┬──────────┘
                             │
         ┌───────────────────┼───────────────────┐
    ┌────┴────────────────────────┐    ┌────────┴────────┐
    │          毒性評価           │    │   暴露量評価    │
    │    ╱──────╲                 │    │                 │
    │   ╱ 閾値あり ╲               │    │ ・水道水からの検出状況│
    │   ╲        ╱                │    │ ・食品等からの暴露量 │
    │    ╲──┬───╲──┐              │    │                 │
    │       │      │              │    └────────┬────────┘
    │  ┌────┴───┐ ┌┴──────────┐   │             │
    │  │1日耐用摂取量│ │10⁻⁵のリスクレベル│   │             │
    │  │ の算出   │ │  の算出    │   │             │
    │  └────┬───┘ └─────┬─────┘   │             │
    └───────┼───────────┼─────────┘             │
            └─────┬─────┘                        │
                  └──────────────┬───────────────┘
                         ┌───────┴───────┐
                         │  評価値の設定  │
                         └───────┬───────┘
                                 │
                    ╱────────────┴────────────╲      ┌──────────────────┐
                   ╱ ・処理技術/分析技術可能性  ╲────→│ 水質基準として設定 │
                   ╲ ・評価値に対する検出状況   ╱     │ しない項目        │
                    ╲────────┬────────────────╱      └──────────────────┘
                             │
                    ┌────────┴────────┐
                    │   基準値の設定   │
                    └─────────────────┘
```

図 8.8 WHO 水質ガイドラインから水質基準設定へのフロー

参考文献

[1] 東京都水道局:東京水道近代百年史 (1999)
[2] John Snow : On the mode of Chorela, London, John Churchill (1855)
[3] 横浜市水道局:横浜水道百年の歩み (1987)
[4] 建設省下水道部:日本の下水道　平成12年版 (2000)
[5] 国土交通省:平成13年版　日本の水資源
[6] WHO : Drinking water Quality Guidelines, Geneva (1984)
[7] 厚生省:クリプトスポリジウム対策指針 (1997)
[8] Sato, Y., M. Aoki, A. Tabata, T. Kamei, and Y. Magara : Environmental Risk Assessment of Hazardous Materials in Water System of Sapporo City, Japan, Pan-Asia Pacific Conference on Fluoride and Arsenic Research 講演集, Shenyang, China (1999)

第9章　沿岸域と水利用

9.1　はじめに　166
9.2　沿岸域の環境情報　168
　　9.2.1　栄養塩流入量と環境変化　168
　　9.2.2　漁獲量　172
　　9.2.3　干潟・浅瀬・藻場　175
　　9.2.4　化学物質　177
9.3　ノリの生育に及ぼす塩素消毒下水処理水と粘土粒子の影響　181
　　9.3.1　下水処理水のノリ幼葉の生育阻害　181
　　9.3.2　懸濁粒子のノリ殻胞子の着床と発芽に及ぼす影響　188

9.1 はじめに

　沿岸域は，水文大循環サイクルの淡水が消えるところであり，陸域のあらゆる変化を水を通じて集中的にうけるところでもある．河川は閉鎖性の強い湾奥部に流入し，大都市圏はその河口域に発達した．湾奥部・河口域は元来陸域から供給される物質によって生物生産がきわめて高く，豊饒な生態系が形成され，古来食料供給の場であった．しかし，閉鎖性水域の環境は，1950年（昭和25）ごろからの都市人口の急激な増加と産業の急拡大にともなって，生活排水，工場廃水ならびに農業排水起源の負荷量の急増によって激変してきた．

　人が自然の水代謝を改変してきた状況を上流からみてみよう．陸域では，経済的状況変化があるにせよ森林域を荒廃させ，土石流出防止のための砂防ダムや洪水調節・エネルギー確保・水資源確保のための多目的ダムを建設し，雨水の排除能を高めるために河川を改修し，農業用排水システムをつくり，都市用排水システムを構築して，自然の水代謝をいちじるしく改変した．沿岸域では，防波堤や港湾などの海岸構造物をつくり，さらに干潟・浅場を埋立てて陸地化した．

　一方，降雨時の雨水は，建築物，路面，閑地および田畑を洗いだし，懸濁物のほか無機栄養塩，重金属，油類，人工化学物質，その他多くの不特定の物質を含んでいて，処理されることなく，河川を通じて，あるいは直接沿岸域に排除されている．また，合流式下水道では，処理場に流集された下水と雨水の混合水は，計画最大汚水量の3倍をこえた分が沈殿処理後塩素消毒するだけで川や海に排除されている．晴天時の下水の消毒前の2次処理水であっても水生生物に対する有害性物質を含むことがある（後述）のに，である．

　このように，もろもろの技術は，それぞれ目的を個々に果たしてきたが，多くの困難な問題を内在化した．上述の自然の物理的改変や有害性物質を含む可能性の高い排水が沿岸生態系におよぼす影響が危惧されてから久しい．海域の環境変化は，陸域の場合に比べて，影響が顕在化するのがゆるやかである．水面下の異変に気づきにくく，調査・研究は非常に少ない．しかし，いろいろの問題が一度顕在化してしまった時点で，陸域へ問題を返して排出制

御や回復手法を立案・実行することは至難である.

　沿岸域ではどのようなことが起こっているのであろうか. 有害物質汚染, 油汚染, あるいは赤潮発生頻度などは, 過去の最悪の一時期（1975～1980年ごろ）を脱した. しかし, 過去に問題をひき起こした第一種特定化学物質のような有害性化学物質の水中の検出頻度は, ゼロに近づいたとされるものの, いまなお底質や魚類・貝類・鳥類に高頻度で検出され, 油汚染や赤潮発生頻度はなお高いレベルで常態化し, 国家目標である環境基準達成率は1984年以降, 過去15年以上にわたって80％程度の横ばいが続いている[1]. プランクトン増殖に起因してCOD値が上昇する2次汚濁問題があるなど, ほとんど改善されていないことを示している.

　一方, 近年, 国内外において海藻群落（藻場）は衰退の一途をたどり, 深刻な問題となっている. わが国の藻場の消滅も例外ではない[2]. 海藻は一次生産生物であり, その群落は動物をはぐくむ生態系において最も重要な場である. 閉鎖性水域では今日もなお夏季の底層水の貧酸素化が常態化し, 生物種の遷移 → 衰退 → 絶滅が起こり, 底質の有害性人工化学物質濃度の改善がみられないのである. また, 海岸構造物の築造や砂礫補給能の低下が海岸浸食を加速しているとされている.

　沿岸水は, 食料としての生物をはぐくみ, それが陸水の影響を決定的にうけ, 産業に大量に使われ, 海水淡水化の原料でもあり, 加えて近年正常な生態系の回復が望まれてきている. したがって, 沿岸水は陸水とつながった水資源と考えて, 沿岸域で生じている諸現象をあるべき姿に回復させるべく陸水のコントロールに反映させなければならないはずである.

　本章では, 沿岸域の環境情報として, 閉鎖性水域の富栄養化, 漁獲量, 人工化学物質, および干潟・浅瀬・藻場の機能・変遷などについて述べ, ついで研究例の非常に少ない海藻の生育におよぼす下水処理水と土粒子の影響を, ノリ（海苔）について調べた例を述べることとしたい.

9.2 沿岸域の環境情報

9.2.1 栄養塩流入量と環境変化

河川や下水処理場から沿岸域への流入水には多種・多量の物質が含まれている．これらの物質のうち窒素と燐が閉鎖性水域の環境を劇的に変えた．栄養塩負荷の大きい東京湾と大阪湾について過去数10年の流入負荷（発生負荷）量の変化にともなう環境変化を概観してみよう．

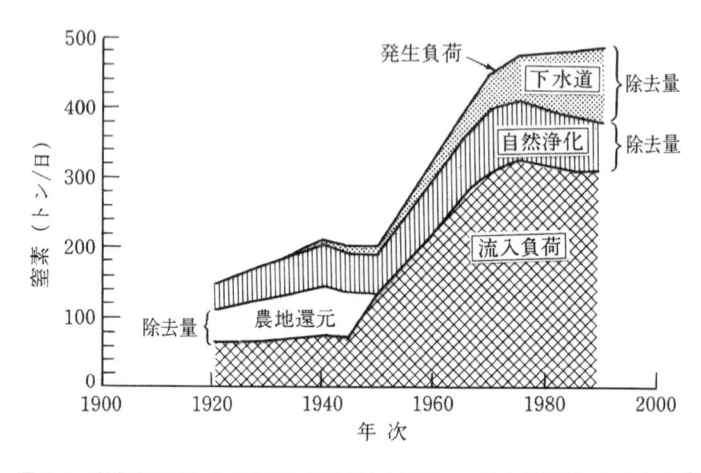

図 9.1 東京湾流域における発生負荷量と東京湾への流入負荷量の経年変化[3]

東京湾流域人口は，1920年（大正9）の約600万人から1935年（昭和10）には1000万人に，戦後急激に増加し続け1990年（平成2）には2600万人に達し，近年増加傾向がやや鈍化している．図9.1は，窒素の流域内の発生負荷（域内に持ち込まれた量）と東京湾への流入負荷を原単位法で推定した経年変化である．戦前の農地還元は主として屎尿の循環利用によるものであった．発生負荷量は，1950年（昭和25）から1970年（昭和45）ごろまでの急増から微増に転じたが，東京湾への流入負荷量は，1975年ごろが最大で，その後下水道の普及によって徐々に減少している．図9.2は1935年の，図9.3は1990年の東京湾流域における窒素の収支である．1935年の発生負荷量は，食料の98.2トンN/日のみであり，窒素は流域内で良好に循環していて，東

9.2 沿岸域の環境情報 / 169

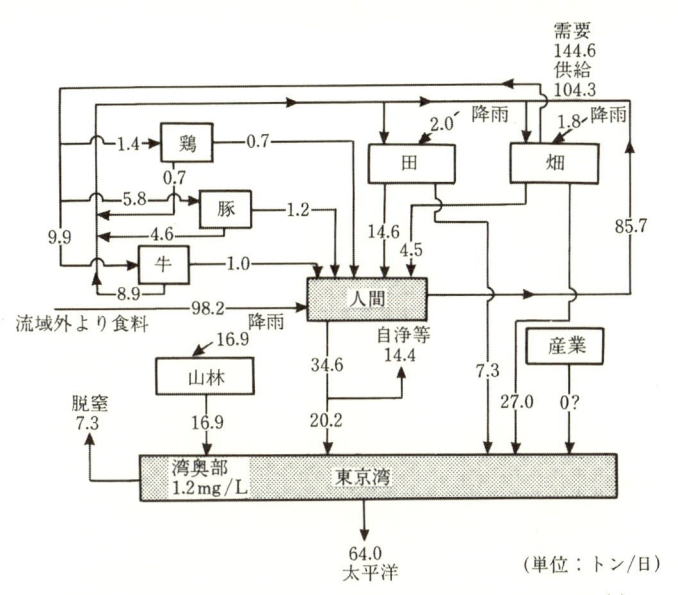

図 9.2 東京湾流域における 1935 年の窒素のフローと収支[3]

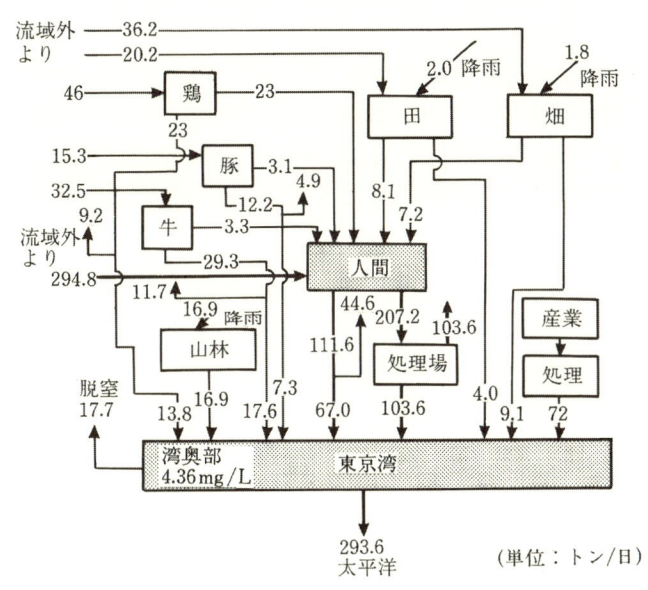

図 9.3 東京湾流域における 1990 年の窒素のフローと収支[3]

京湾への流入負荷量は 74.1 トン N/日であった．発生負荷は，1950 年ころ以降急増して，1990 年には食料の増加のほか，肥料と飼料が加わって 445 トン N/日に達し，1935 年ころの 4.5 倍に増加した．その結果，東京湾への流入負荷は 311 トン N/日に達し，1935 年ごろの 4.4 倍になった．この間人口は 2.6 倍に増加したのに対して食料は 3 倍であり，1 人あたりの食料に基づく発生負荷量は 1.1 倍に増加したにすぎない．下水処理は屎尿の農地還元分以上の量を処理していて，このウェイトが大きくなる傾向を示している．

東京湾への流入負荷量を削減するには，下水と産業廃水の脱窒が現実的と考えられ，両者で約 100 トン N/日削減すれば，1960 年ごろの流入負荷量である約 200 トン N/日まで低下し，漁獲量からみてかなり良好な環境に回復すると考えられる．

なお，全燐と COD の東京湾への流入負荷量は，それぞれ 26 トン P/日，300 トン/日（1989 年）と推定されている[4]．

1990 年度の東京湾環境基準点（St.25：内湾中心部）[5] の全窒素と全燐の上層水の年平均値は，2.08 mg-N/L と 0.148 mg-P/L，下層水のそれは 0.92 mg-N/L と 0.088 mg-P/L であり，上層水と下層水の年平均溶存酸素飽和度は 111 % と 62 % である．7 月と 8 月の上層水の酸素飽和度（クロロフィル a 量）は，196 %（100 μg/L）と 165 %（44.7 μg/L）であるのに対して，下層水のそれはわずか 20 %（0.9 μg/L）と 11 %（2.39 μg/L）である．酸素飽和度 20 % と 11 % は，濃度で 1.5 mg/L と 0.8 mg/L に相当する．上層には植物プランクトンが集積して，溶存酸素濃度は海域としては大きく過飽和となり，下層は潮汐による酸素飽和海水の交換があるにもかかわらず，ほとんど無酸素状態である．

底生生物の生存可能な最低酸素濃度は，2.9 mg/L（飽和度 37.2 %，20 ℃），望ましくはライフサイクルを完結できる 4.3 mg/L とされる[6]．下層水の飽和度 11〜20 % ではほとんどの底生生物は生存できない環境である．このような状態が毎年くり返されるので，ほとんどの底生生物は絶滅することになる．底層水の貧酸素化は，底質から燐を溶出させ，プランクトンを増殖させる．一方で，そのデトリタス（プランクトンを含めて生物体の死骸・排泄物）を摂食する底生生物が生存しないので，食物連鎖網が破壊されて，ますます悪循環に陥っていく．加えて，内湾の北東部海域では秋口の北東風（離岸風）によって，底層の貧酸素水塊の湧昇が起こって青潮が発生し，沿岸域の貝な

どの底生生物を死滅させる．このような底層の酸素欠乏の状態は今日も続いている[35]．

大阪府域について，原単位法で求めた発生負荷量は，1957年の窒素と燐は約50トンN/日と5トンP/日であったが，以降直線的に増加して，1970年代前半に160トンN/日と18トンP/日に達した．その後，窒素は漸増に転じて1990年には180トンN/日に増加したのに対して，燐は洗剤の無燐化によって劇的に減少しつづけ，1980年代前半以降には11トンP/日のほぼ一定値になった．

大阪湾への流入域全体からの流入負荷量はどのくらいになるだろうか．大阪湾への窒素の流入負荷量は，東京湾への流入域の発生負荷量と東京湾への流入負荷との割合が同じとし，大阪湾への流入域全体の発生負荷量を大阪府域の2倍とすると，252トンN/日（= $180 \times 2 \times 311/445$）と推定される．大阪湾20点の1973年〜1990年の溶存無機態窒素と燐濃度は低下傾向にあり，それぞれ $0.182 \sim 0.252$ mg-N/Lと $0.016 \sim 0.045$ mg-P/Lであり[7]，赤潮状態に至っていなかった．

東京湾環境基準点の1990年における年間平均の溶存無機態の窒素と燐の濃度は，それぞれ表層で 1.29 mg-N/Lと 0.084 mg-P/L，下層で 0.50 mg-N/Lと 0.059 mg-P/Lであった[5]．溶存無機態の窒素と燐をみると，測定点の数は異なるが，大阪湾の方が東京湾よりも相当に低いとみてよい．このような違いを反映して，大阪湾20定点の成層期における下層水の溶存酸素濃度は，1970年代の $3.6 \sim 4.3$ mg/Lから1980年代には $4.3 \sim 5.0$ mg/Lとなり，湾全体として 0.7 mg/L上昇している[7]．このような改善は燐発生負荷量の低下と符合する．

東京湾と大阪湾の1990年ころの窒素の湾の単位容積あたりの流入負荷量をみると，東京湾の内湾部（富津岬〜観音崎以北）では，その容積が $15 \mathrm{km}^3$ であり，流入負荷量が311トン/日（前出）であるから20.7トン $\mathrm{N/日 \cdot km^3}$ （= $311/15$）となる．これに対して，大阪湾への全流入負荷量は，大阪湾全流入域からの流入負荷量を252トンN/日（前出）とすると，湾容積が $41.8 \mathrm{km}^3$ であるから，6.1トン $\mathrm{N/日 \cdot km^3}$ （= $252/41.8$）となる．東京湾への単位容積あたりの流入負荷は，大阪湾の場合の3.4倍（= $20.7/6.1$）であり，非常に過酷であることが推測できる．

なお，瀬戸内海の容積あたり流入負荷量は，容積が $816\,\mathrm{km}^3$ で発生負荷量が 495 トン N/日 (1987)[10] である．流入負荷量は東京湾流域の発生負荷量と流入負荷量の比 (311/445) を適用すると 346 トン N/日 ($= 495 \times \frac{311}{445}$) となり，体積あたりの負荷量は 0.42 トン N/日・km^3 ($= 346/816$) と推定される．この流入負荷量は，東京湾の 1/50 ($= 0.42/20.7$)，大阪湾の 1/15 ($= 0.42/6.1$) であり，圧倒的に小さい．

閉鎖性水域の生態系の健全性は，底生生物群集の健全性によってもたらされ，底生生物の健全性は，溶存酸素濃度に決定的に支配される．したがって，海域の環境を評価するためには，底層水の溶存酸素濃度と底生生物の種類・密度およびそのバランスに関する情報を得ることが必要であり，これにもとづいて陸域からの流入負荷量を制御するようにしなければならないはずである．底生生物の評価は容易でないから，底生生物の健全性を間接的に推測するために，少なくとも底質直上水の溶存酸素濃度（環境基準には指定されていない）の詳細なデータの積み重ねが必要である．

9.2.2 漁獲量

水域ごとの漁獲量と魚種の変遷は，社会情勢や漁獲努力などさまざまの要因がかかわってはいるものの，大まかにその水域の環境変化を反映する．

東京湾の全漁獲量[8]は，1935年ごろには4万トン/年，1955年ごろには10万トン/年をこえ，1960年の流入負荷量の上昇期に14万トン/年の最高に達した．以降，減少しつづけ，1995年には3万トン/年を切るまでに低下した．1970年後半の流入負荷最高期（図9.1）には，生物相が最も貧しく，最悪の環境に陥った．総漁獲量と貝類の漁獲量は並行して漸減し，魚類は横ばいだったものの，その他の水産動物（魚類と貝類以外の動物：エビ・カニ，イカ・タコ，ウニ・ナマコなど，いずれも汚染に弱い種類）とノリなどの藻類は激減した．この時期は流入負荷量の最高期にあるほか，同時に干潟・浅瀬が激しく埋め立てられた．1970年～1980年は，大阪湾の場合と同様に，洗剤の無燐化のためと思われる環境回復が起こり，魚類は漸増し，その他の水産動物と藻類がいくぶん回復した．しかし，1990年半ばには同程度の漁獲量でありながらマコガレイが減り，シャコが増加した．このバランスの変化は健全とはいえず，漁獲物組成の偏りと貧困化が危惧されている．1960年以降の

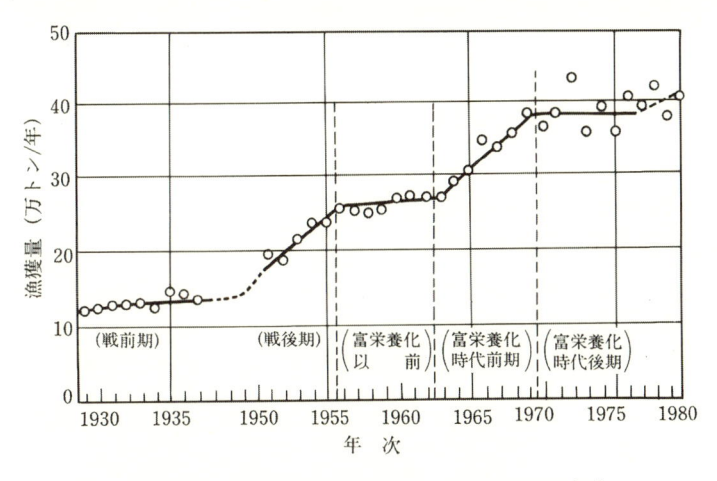

図 9.4 瀬戸内海における海面漁業・漁獲量の推移[10]

一貫した魚獲量の減少にマイワシの減少の寄与するところが大きいとされている．

以上の事柄は，窒素と燐の流入負荷量の削減が，生物の生存環境を直接的に改善することを強く示唆している．

東京湾の 1958～1982 年の埋立面積 188 km^2 は，東京湾の内湾部（富津岬～観音崎以北：960 km^2）の 19.6 ％にあたり，近年の人工海岸率は 95 ％[4]に達する．このような大規模な埋立と海岸の人工化は，干潟・浅瀬の浄化能力が大きいことから，環境悪化に拍車をかけたとされている．

大阪湾の全漁獲量[7]は，東京湾とは対照的に，1950 年代には 3～5 万トン/年，1960～1970 年には 5～7 万トン/年，1980 年代に入って 10 万トン/年のレベルに達した．しかし，種類別にみると消長がみられた．このような漁獲量の上昇は，1950 年代中頃からの窒素・燐の発生負荷量の増加にともなうプランクトン食性魚類のイワシ漁獲量の増加による．スズキなどの魚食性群とカレイなどのベントス食性群の漁獲量が高水準を維持しているのに対して，水質悪化に弱い水産動物の漁獲量は 1960 年代後半から 1970 年代前半にいちじるしく減少した．その後幾分回復する傾向がみられるものの，1950 年代後半のレベルを大きく下まわっている．一方，埋立によってアサリなどの貝類とノリなどの海藻類が 1970 年代なかばに激減し，1980 年代には最盛期の 1/100 以下にまで低下した．

しかしなお，ベントス食性魚も高水準の漁獲量が維持されている．これは，海水の交換量が東京湾ほど大きくはない[4]ものの，1980年代に底層水の酸素濃度が湾平均で4.3～5.0 mg/Lに回復し，食物連鎖網がかなり良好に維持されているためであろう．一方，湾奥部の夏季の底層水の酸素濃度は，1980年代に2.9 mg/Lに回復したものの，1980年代後半からは0.3～2.1 mg/Lに低下し，この濃度低下に底生生物の消長が敏感に反応している[9]．

1958～1982年の大阪湾の埋立面積率は5.2％，人工海岸率は93％とされ[4]，埋立面積率は東京湾（内湾）19.6％の約1/4であった．

多々良[10]は，瀬戸内海の漁獲量の推移を1930年から富栄養化との関係で示した（図9.4）．漁獲量は，栄養塩負荷量の増加にともなって増加する一方で，魚種は低級魚化し，水質悪化に弱い水産動物が減少するとしている．単位容積あたりの負荷量の少ない瀬戸内海でも，このような現象がすでに起こっているのである．

栄養塩負荷量，漁獲量および溶存酸素濃度だけからみると，瀬戸内海は漁獲量上昇過程に，大阪湾はピーク近くに，東京湾はすでに最悪の状況に陥ったままであると考えることができる．3水域の状況は，栄養塩流入量をぎりぎりまで抑えて，生産量は低いが高級魚介類が生息する海域と，ある程度の栄養塩負荷をあたえる（厳しい負荷削減をしない）ことによって，低級魚ではあるが，生産性の高い海域のいずれかを選択（創生）できる可能性を示唆している．

わが国の年間全漁獲量は，1983～1988年（昭和58～63）の1 200～1 300万トンをピークに減少しつづけ，1999年（平成11）には660万トンに半減した[11,12]．今日では，この減少分をこえるほどの水産物を経済力と漁獲技術供与によって世界中から輸入しているが，将来とも安定して輸入できるであろうか．自国の沿岸域の資源を汚染と獲りすぎで涸渇させ，その修復に努力せずに，他国の沿岸域を同じ状況に追いやることは許されまい．近年，自給率向上が望まれる主たる理由である．

広大な沿岸域を有するわが国においては，沿岸域における天然水産物の増殖促進が自給率向上の有力な選択肢であろう．沿岸漁業（日帰りできる程度の海域）の漁獲量は，かなり長期にわたって年間生産量が約200万トン[11]（平成11年では160万トン[12]）とほぼ一定である．この漁獲量は，日本沿岸

の生産量水準とみることができるが,この漁獲量維持は埋立や汚濁負荷量の増大による環境悪化の進むなかでなされており,その分獲りすぎのため,資源の慢性的低下をまねく原因ともなっている[11].

一方,1975年ごろからはじまったブリ類やタイの網生け簀(いけす)を用いた海面養殖生産量は順調に増加してきたものの,給餌のため,いわゆる自家汚染問題もあってその年間全生産量は26.5万トン(1999年)の横ばいが,過去10年以上続いている.年間に魚類26.5万トンを生産するための窒素と燐の環境への負荷量は,人口に置き換えると,窒素は800万人分の,燐は1000万人分の,未処理下水を局所的に散在する静穏な養殖漁場に集中的に毎日排除することに相当し,漁場環境の悪化をまねいている[13].このようなわけで,静穏な海域でおこなわれる給餌・網生け簀型の海面養殖産業の持続的発展は期待できず,ゼロエミッション型の陸上養殖法を開発し,移行していかなければならない時期にきている.

このような状況から,沿岸域での良質なタンパク源である漁業生産量を上げて食料自給率を向上させる必要がある.そのためには,沿岸域の生物生産環境の回復・保全によって天然資源の回復・増進をはかるとともに,資源管理型漁業を徹底する必要がある.そのためには水系ごとに山林から沿岸域まで一元的に水量と水質の管理ができるように,これまでそれぞれの目的で脈絡なく自然を改変してきたそれぞれのシステムを,自然の状況にできる限り近づけるため,ハードとソフトの両面において,学際的手法の連携を進展させなければならない.

北海道襟裳地方では,戦後の樹木の乱伐による砂漠化した地に,植林による土砂流失防止を施すことによりコンブ量と漁獲量が回復し,秋田県では徹底した資源管理でハタハタが回復しているのである.

9.2.3 干潟・浅瀬・藻場

干潟・浅瀬・藻場の水質浄化能はきわめて大きいとされている.水質浄化機能の幾つかと埋め立てられた面積についてみてみよう.

河川が沿岸域に流入する水域には湿地や干潟が形成され,その沖に砂質〜泥質瀬が続く.干潟にはきわめて多種類の生物が高密度で生息し,食物連鎖網を形成していて,潮汐による空気中への露出と撹拌によって酸素の供給は

十分である[4].

砂質〜泥質の干潟・浅瀬に形成されるアマモ（海草）場は，一次生産量が約 $600\,g\text{-}C/m^2/$年であり，植物プランクトンのそれ（沿岸で $150\,g\text{-}C/m^2/$年）よりもはるかに大きく[14]，窒素の生産（固定）量は $94\,g\text{-}N/m^2/$年[4]であり，酸素を供給し，動物の産卵場と保育場をあたえ，懸濁物の沈殿を促進する[14].

干潟・浅瀬には多種類の濾過摂餌動物が生息している．例えば，サイズ $28\,mm$ 程度の親アサリ1個体の濾過水量は約 $1\,L/hr$ である．$1\,m^2$ に平均的な 1000 個体（生息密度の高い水域では 3000 個/m^2 にもおよぶ）生息するとし，濾過している時間を1日の 1/2 とすると，濾過水量は $12\,m^3/m^2\cdot$日 にもなる[4]．アサリ生息域の濁りが低いといわれるのはこのためであろう．

典型的な干潟である一色干潟（愛知県）[15]の7月中旬の生物現存量のバランスは，生物態窒素であらわすと，全生物窒素のうちアマモとアオサが 25.3 %，底生生物が 72.9 ％を占める．アマモは5月に現存量が最大に達し，秋から冬に最小になる．アオサは夏季に繁茂するが，その前後の変動が大きい．アマモとアオサは秋〜冬には流亡して栄養塩が回帰してしまうが，初夏から夏季に栄養塩を一時的に固定し，プランクトンの増殖を抑制し，貧酸素化を軽減する．この機能は重要である．

夏季の一色干潟の栄養塩除去機能[15]は，$150\,mg\text{-}N/m^2\cdot$日，$30\,mg\text{-}P/m^2\cdot$日 とされ，窒素の約 50 ％がアマモやアオサに蓄積し，50 ％は脱窒され，燐の約 50 ％はアマモやアオサに蓄積し，50 ％は底泥に吸収される，という．

東京湾で埋め立てられた干潟・浅瀬（0〜10 m 深）・藻場の面積とその浄化能はどのくらいになるか．1936 年ごろの東京湾内湾の干潟面積は $136\,km^2$，浅瀬面積は $381\,km^2$ であり，合わせて $517\,km^2$ であった．1990 年の干潟面積はわずか $10\,km^2$ と浅瀬面積は $188\,km^2$ であり，合わせて $198\,km^2$ に縮小した．干潟と浅瀬面積の和は 1936 年ごろの $517\,km^2$ から 1990 年には $198\,km^2$[4]へと実に 62 ％も埋め立てられた*.

東京湾の埋め立てられた干潟・浅瀬面積は $319\,km^2$ であるから，これに一色干潟で得られた窒素と燐の浄化力を適用すると，浄化量は窒素では 48 トン

---

*前に「埋立面積 19.6 ％」と記したのは，1958〜1982 年の埋立面積 $188\,km^2$ が内湾面積 $960\,km^2$ の 19.6 ％に当たるという意味であった．

N/日,燐では10トンP/日となり,東京湾に流入する窒素（311トンN/日）の15％と燐（26トンP/日）の35％と試算される.干潟・浅瀬が保存されていたら,今日の状態まで悪化することはなかったのではないかと思われる.

　干潟・浅瀬は極めて高密度の生物生産の場であると同時に優れた浄化能力をもつと思われるが,物質収支からみた浄化能とその機構が必ずしも明らかにされているとは思えない.しかしながら,つぎのような現象から干潟は着実な浄化能力を有していると考えることができる[34].すなわち,陸域から栄養塩類と有機物が流入すれば,光と酸素があるので植物プランクトンは栄養塩類を,細菌類は有機物を利用して干潟の表土に繁殖する.これらの微生物をゴカイ,貝,カニなどの底生生物が餌にする.摂食したかなりの部分は呼吸によって空中に散逸して生活エネルギーを得る.一方,渡り鳥はこれらの底生生物を毎日体重の50％以上も餌とし,呼吸し,成長して系外に去る.あらゆる糞と死骸は細菌によって分解され,再び利用される.底土の局所的低酸素濃度部位で脱窒が起こり,燐などの保存物質の底土への固定化も起こる.

　干潟の生物の生長が盛んな晩春～夏季～初秋には,多量の汚濁物質（栄養塩）を固定するので,流入水域の植物プランクトンの増殖を抑制することになる.晩秋～初春にかけて,多くの生物群集は死滅して栄養塩供給源になるとしても,流入域は成層が壊れて混合状態にあり,低温期であるので異常な植物プランクトンの増殖を起こさない.

　したがって,今後,干潟・浅瀬の浄化の機能や構造ならびに物質収支を定量的に明らかにすることにつとめるとともに,現存する干潟・浅瀬の保存につとめ,積極的に修復を推進すべきであろう.干潟は環境浄化機能のほかに,環境保護機能,景観機能,生物生産機能を有するからでもある.

9.2.4　化学物質[16]

　今日まで多種・多量の人工化学物質が生産され使用され廃棄されてきた.これらのなかに生物の発生段階に極微量で影響をおよぼす物質（いわゆる環境ホルモン）があるといわれていることから,環境に排出された化学物質の存否と濃度が危惧される.環境省はPCBによる環境汚染問題を契機に化学物質の環境汚染調査を1974年（昭和49）以降続けてきた.昨今では,調査化学物質をつぎの2グループに分けて水・底質・生物（魚類・貝類・鳥類）の

調査をおこなっている．
(1) 毎年新規調査物質としてプライオリティリスト*に収載された1145物質から，それぞれの物質の運命を予測し，その結果を勘案して選定した約20物質と，
(2) 第一種特定化学物質（11種）*を中心に，過去の調査において環境中にかなりの範囲かつ程度で残留していることが確認されている物質，
である．

(1) 1999年度（平成11）に新規に調査した物質

1999年度の対象物質は，ジブチルスズ化合物など水・底質について24物質，生物について16物質であった．調査地点は56地点（うち47地点が河口・港湾・海洋）であった．

水では，調査した24物質中8物質が検出され，これらのなかでジブチルスズ化合物の検出地点率（＝検出された地点数/調査した地点数）が最も高く，82％に達し，49地点中40地点（以降「40/49」と表示）で検出され，濃度は0.0011〜0.02 μg/Lであった．底質では，調査した24物質中20物質が検出され，検出地点率100％（13地点）の物質は，ベンゾ[a]アントラセンなど6物質である．このうち最も濃度の高い物質は，ベンゾ[b+j+k]フルオランテン（3種の異性体）であり，濃度は0.0048〜1.119 mg/kg-dry（乾燥底質1 kgに0.0048〜1.19 mgのベンゾ[b+j+k]フルオランテンを含む）であった．水中で検出地点率の高かったジブチルスズ化合物は，底質では検出地点率が88

---

*プライオリティリスト：化学物質の種類は膨大なので，調査の優先順位（プライオリティ）をつける必要がある．リストに挙げられた化学物質は，既存の資料・情報を集約して，過去において有害性（LD_{50}等動物への毒性，労働環境における人体への毒性，発ガン性，生物濃縮性，難分離性など内外の情報にもとづいて有害性に一定の評価を加えたもの）ありと認められたことに加えて，わが国における生産量と使用形態を考慮して，環境汚染の観点から調査対象の必要性が考えられた物質．1978年に約2000物質がプライオリティリストに載った．1978〜1988年の10年間，このリストにもとづいて「第1次化学物質環境安全性総点検調査（第1次総点検調査）」が実施された．1987年に調査結果が再検討され，化学物質を，①既存化学物質（第1次総点検調査において対象とした物質），②新規物質（新たな審査済み物質），および③非意図的生物化学物質，に分けてプライオリティリスト（1145物質）が作成（中央公害対策審議会）され，1989年から10ヶ年計画で第2次総点検調査が実施されている．

*第一種特定化学物質：難分解性（自然的作用により化学的に変化を生じにくい），高蓄積性（生物体内に蓄積されやすい），および慢性毒性（継続的に摂取される場合には人の健康をそこなうおそれがある）のすべての性状を有する化学物質．11物質（群）が指定されている（2001年1月末）．

%（45/51）であり，その濃度は 0.0027～0.19 mg/kg-dry であった．魚類では，16 物質中 12 物質が検出され，ジブチルスズ化合物の検出地点率が最も高く 62 %（29/47）で，その濃度は 0.023～0.071 mg/kg-wet（魚類湿質量 1 kg に 0.023～0.071 mg のジブチルスズ化合物を含む）であった．

　水において，1999 年度に調査した 24 物質中 8 物質が検出されたが，検出されなかったいくつかの物質を加えて，13 物質について今後も「要注意」で調査が必要と結論されている．

　このように，1999 年度にはじめて調査された 24 物質のうち，水では 8 物質が，底質では実に 20 物質も検出されている．ベンゾ[a]アントラセンがすべての調査地点の底質で検出され，しかも濃度が高い．このような調査結果から，水環境が非常に多くの化学物質で汚染されていると考えなければならない．

　ジブチルスズ化合物は，食品用器具や包装に用いられる塩化ビニルの熱安定剤として広く使われ，ラットで免疫能が低下するとされ，我われの日常生活に深く浸透している物質である．一方，ベンゾ[a]アントラセンは，自動車の排気ガスや大気から検出される物質で，マウスで発ガン性が確認されている，という．このように，非意図的に排出される物質が，すでに広範囲に沿岸域の底質に検出されていて，しかもこれらの物質の発生源は制御が非常にむずかしい面源なのである．

（2）第一種特定化学物質と過去に問題になった物質

　第一種特定化学物質は，過去の調査から水ではすでに検出されないと考えられていて，底質と生物（魚類・貝類・鳥類）について調査されている．

　底質の調査は，ヘキサクロロベンゼン，DDT，および PCB など 21 物質について，18 地点（16 地点が沿岸域）でおこなわれた．21 物質のうち実に 20 物質が検出され，検出地点率の最も高い物質は，p-ジクロロベンゼンの 88 %（18 地点中 15 地点で検出）であり，最高濃度は 130 μg/kg-dry であった．ついで検出地点率の高い物質は o-ジクロロベンゼンとベンゾ[a]ピレン（14/18）であり，これらの最高濃度は 32 と 1 700 μg/kg-dry であった．注目すべきことは，21 物質のうち，大部分の物質の濃度が経年的に必ずしも低下していないことである．

魚類・貝類・鳥類の調査は，PCBやDDTなど24種の化学物質について20地点（18地点が沿岸域）でおこなわれた．PCBは，魚類，貝類および鳥類から検出されている．魚類からの検出地点率は64％（9/14）で，その濃度は0.01〜0.78 mg/kg-wet，貝類の検出地点率は50％（3/6）で，その濃度は0.01〜0.052 mg/kg-wet，また，鳥類の検出地点率は2/2で，濃度は0.01〜0.02 mg/kg-wetであった．DDT類およびその誘導体（3物質）については，魚類と貝類の検出地点率が80％（16/20）であり，鳥類からの検出地点率は2/2と報告されている．したがって，DDTの誘導体は低レベルながら広範囲に環境中に残留していることになる．クロルデン類（4物質）については，魚類での検出地点率は57％（8/14），貝類での検出地点率は3/6であり，鳥類でのそれは1/2である．

なお，防汚剤（藻類や貝類の付着防止剤）として船底塗料に使われたトリブチルスズ化合物とトリフェニルスズ化合物は広範囲に残留している．トリブチルスズ化合物の濃度は水・生物において低下，底質において横ばい，トリフェニルスズ化合物の濃度は水では改善，底質・生物では横ばいと報告されている．

PCB，DDT，およびクロルデン類は，わが国では，15〜30年前に生産を中止しているにもかかわらず，広く環境中に残留している．これらの物質は約20年前から調査が続けられているが，東京湾と大阪湾のスズキの体内濃度は，物質によっては減少しているものがあるが，ほとんどは変動しつつも確かな低下傾向はみられない．

このような調査結果から，一度環境に排出された難分解性物質は，いかに広範囲に，しかも長期にわたって残留するかがわかる．それぞれの化学物質の濃度がただちに人の健康に影響する濃度ではないかもしれないが，強い不安を覚える．わが国国民は沿岸域で漁獲される水産物を食料としていることと，生態系保全に鑑み，化学物質の製造・流通・使用・廃棄に過大なほどに厳重な管理をおこなうとともに，モニタリングを注意深く継続しなければならない．しかしながら，上述のように，検出地点率の高いジブチルスズ化合物もベンゾ[a]アントラセンもともに，発生源が工場などの点源ではなく，面源であるだけに問題が大きい．環境モニタリングを詳細に続け，使用制限や排気ガス対策など政策誘導が必要になるのではないだろうか．

9.3 ノリの生育に及ぼす塩素消毒下水処理水と粘土粒子の影響

　排水中の不特定の有害性物質の評価は，生物を用いた毒性試験によらざるをえない．ところが，沿岸域の主要な一次生産者である大型海藻に対する排水の影響に関する研究はきわめて少ない．海藻を用いた毒性試験法を確立した例としては，米国カリフォルニア州が褐藻ジャイアントケルプ (*Macrocystis pyrifera*)[17]を，米国環境保護庁（U. S. EPA）が紅藻ワツナギソウ (*Champia parvula*)[18]を用いておこなった短期間毒性試験法（いずれも初期発生段階）の 2 例のみである．カリフォルニア州の場合は，下水によるジャイアントケルプ海中林の衰退が毒性試験法確立の契機であった．

　わが国の消滅藻場の面積は，1978 年～1994 年のわずか 16 年間に 6 403 ha（現存藻場面積の 3.4 %）となっており，いくつかの県においては，10 %～35 %ものいちじるしい消滅がみられる[2]．消滅理由は，埋立等による直接的原因を除いた 40 %は不明とされている．

　ノリ（海苔）は江戸時代以降，河口域で養殖され，有用大型海藻のなかで最も汚染に強い海藻である．汚濁が進んで，ノリが生育できなくなると植物プランクトンと細菌のみが増殖するような環境になってしまう．さらに汚濁が強まると赤潮プランクトンも増殖できない細菌類のみの環境に陥る．したがって，ノリがよく生育する環境は，保全すべき最低の環境と考えることができる[19]．そこで，ノリの生育に及ぼす 2 次処理水（活性汚泥法などの生物処理を施した処理水）と常時沿岸域に供給されている粘土粒子の影響について述べよう．

9.3.1　下水処理水のノリ幼葉の生育阻害

　図 9.5 はスサビノリ (*Porphyra yezoensis* Ueda) の生活環である．各ステージの供試体は，フリー糸状体より培養条件を変えることで通年適時入手できる[21]．葉長約 1 cm の幼葉 5 個体を，調製した培地 200 mL に収容し，10 日間振とう培養をおこなった．振とう培養とは，多数設定されたすべての試験区（培養ポット）に，均等なガス交換と流動をあたえることのできるように，

全ポットを一つの板上にセットして円振動をあたえる培養法である．影響の評価は，生長比（実験開始時と終了時の葉長の比），病徴，ならびに死細胞率（葉頂より 1/4 部位の 200 細胞の生死判定）[22] でおこなった．

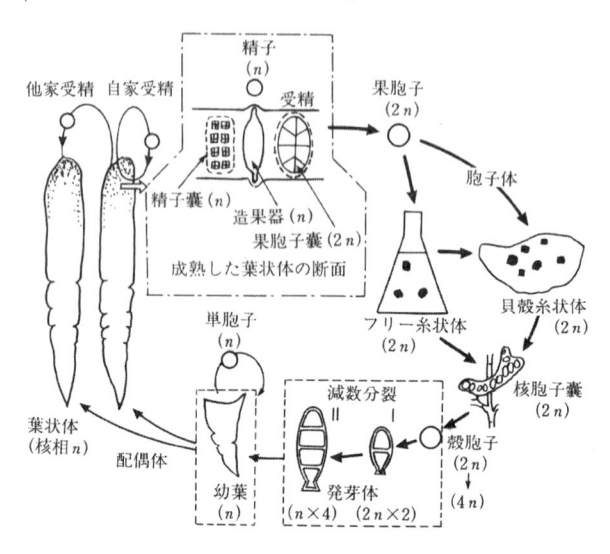

図 9.5　スサビノリ *Porphyra yezoensis* の生活環[20]

（1）未消毒 2 次処理水 [19]

図 9.6 は，6 種類の塩素消毒していない活性汚泥処理水（未消毒 2 次処理水）についておこなった生育阻害試験結果である．処理水 A と B は生育阻害物質を含まず，栄養塩が生長を促進し，処理水 C, D および E では栄養塩のほかになんらかの生育阻害物質を含み，処理水 E は強い生育阻害物質を含むとみることができる．C, D および E 処理水では病気も死細胞も発現せず，F 処理水の場合は病気と死細胞が発現し，添加率 1% で生育阻害が最も強く発現した．病徴は「ちりめん症」様であった．「ちりめん症」様とは，正常な葉状体の細胞が一重の紙状に連なっているが，局所的に細胞が多層化し，葉状体全体が波打つように変形し，硬化する病徴を示す．

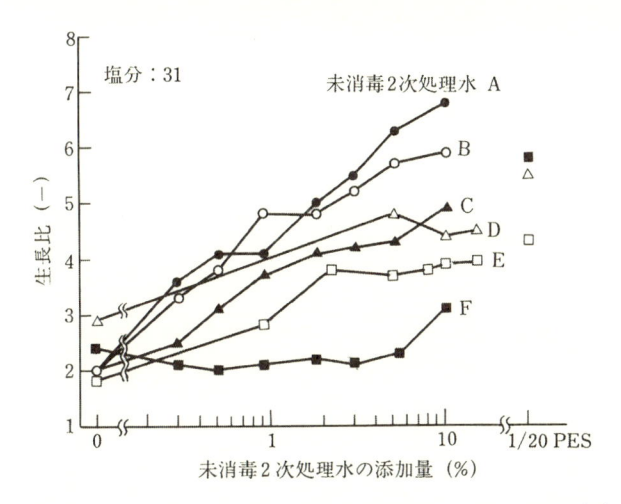

図 9.6 ノリ葉状体の生育におよぼす未消毒2次処理水の影響[19]

同じ活性汚泥法で処理された未消毒処理水であっても，生長を促進する処理水から，きわめて強い有毒性物質を含む処理水までさまざまの処理水があることがわかる．このような違いが発現することは，一般の水質分析からは予測できず，水質を評価するうえで生物試験が非常に重要であることがわかる．図9.6の変化は，一般の有害性物質のように，濃度の増加にともなって影響が発現するパターンとはいちじるしく異なり，下水処理水特有のパターンである．これは，処理水には生長を促進する栄養塩と生長を阻害する有害性物質の両者が含まれていて，両者が拮抗するためと考えられる．

(2) 塩素消毒2次処理水[23]

2次処理水は，主として大腸菌濃度の基準値（3000個/mL）を満たすために塩素消毒されている．消毒剤は遊離塩素で広く用いられている次亜塩素酸ナトリウム（NaOCl）溶液を用いた．NaOClの所定量を未消毒2次処理水に加え，ついでこの所定量（培地に対して体積率で0〜10％）を培地（海水）に加えて，幼葉（葉長約1cm）を10日間培養した．

図9.7には培地の初期遊離塩素濃度と生長比の関係に対照区（海水区と1/20 PES区）を追加してある．初期遊離塩素濃度とは培地を調整した段階で計算される遊離塩素濃度のことである．このように表現する理由は，遊離塩素自体が下水中の物質と反応して反応生成物が生成されたり，塩化物イオンに変

化して消失してしまうためである．また，遊離塩素も含めて酸化力を有する物質を［mg-Cl_2/L］であらわしている．対照区の 1/20 PES とは Provasolli 氏の強化海水の栄養塩濃度を 1/20 にした培地で，有明海のノリ漁期の平均燐濃度が同じで，窒素濃度が 2 倍に相当する．

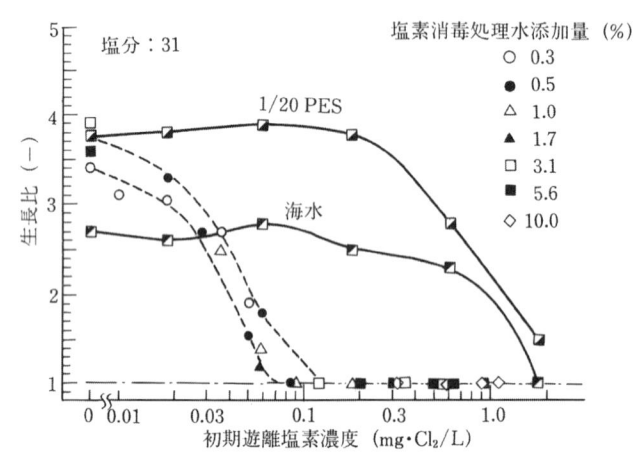

図 9.7 ノリ葉状体の生育に及ぼす消毒 2 次処理水の影響[23]

塩素消毒処理水では，その添加率に関係なく，点線で示した 2 本の狭い曲線内にみごとにプロットされている．図 9.7 より得られる重要な知見は，

① 培養 10 日目の生長比は，塩素消毒処理水の添加率に関係なく，栄養塩の効果があらわれないほど，初期遊離塩素濃度に非常に強く支配されること，
② 対照区（残留塩素は遊離塩素）の 10 day-EC_{50}（10 日間培養-50 ％生育阻害濃度）は 0.85 mg-Cl_2/L であること，
③ 50 ％生長阻害初期遊離塩素濃度（10 day-EC_{50}）は，0.03 mg-Cl_2/L と見積もられ，毒性が対照区の約 30 倍強まったこと，そして
④ 塩素消毒処理水中にきわめて強い生育阻害物質が生成されたこと，

などである．

生成されたきわめて強い生育阻害物質は，モノクロラミン（NH_2Cl）であることがあきらかになった[24]．一般に，遊離塩素の方がモノクロラミンのような結合塩素よりも酸化力が強く，殺菌・消毒力が高いとされている．し

かし，ノリの生育に対する毒性は，まったく逆であることに注目しなければならない．塩素消毒処理水には遊離塩素は検出されず，残留有害性物質のほとんどが結合塩素（主として NH_2Cl）として存在するからである．

(3) NH_2Cl の生育阻害濃度 [25]

NH_2Cl 自体の生育阻害濃度はどのくらいであろうか．高純度の NH_2Cl（市販されていない）を作成し [26]，幼葉に対する生育阻害濃度を求めた．NH_2Cl は海水中で酸化性物質に変わるので（後述），濃度を維持するために3時間ごとに培地を交換している．図9.8は平均暴露濃度と死細胞率の関係である．暴露時間の増加にともなって半数致死濃度（LC_{50} 値：幼葉の50％の細胞が死亡する濃度）が指数関数的に低下し，48 h-LC_{50} は 0.011 mg-Cl_2/L と見積もられる．NH_2Cl はノリの生育に対して，多くの他の生物 [27] に対するよりも強い毒性を示した．

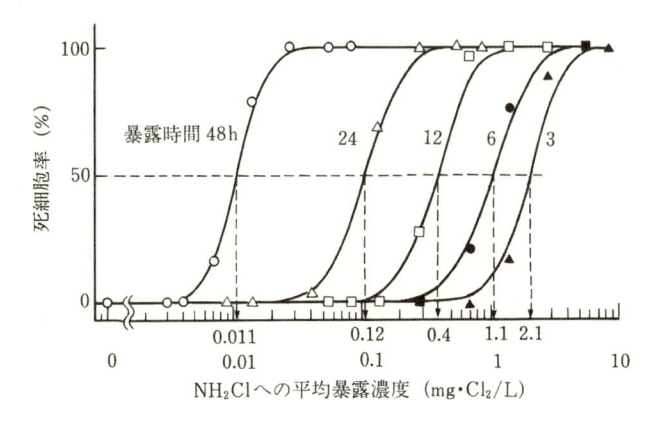

図 **9.8** モノクロラミン（NH_2Cl）のノリ葉状体の死細胞発現におよぼす暴露濃度と暴露時間の影響 [25]

淡水生物による影響試験法に採用されている代表的な緑藻 *Selenastrum capricornutum* Prinz に対する遊離塩素と NH_2Cl の増殖阻害濃度 96 h-EC_{50}（96時間暴露で増殖が50％阻害される濃度）は，0.06 mg-Cl_2/L と 0.015 mg-Cl_2/L であり [26]，NH_2Cl は遊離塩素よりも4倍ほど毒性が強い．したがって，塩素消毒した処理水を放流される水域の生物は，その受水域の容量が大きくなければ，決定的なダメージをうけていると思われる．

NH_2Cl のノリへの影響濃度が 48 h-LC_{50} は 0.011 mg-Cl_2/L で，細胞の半数致死濃度であるから，生長に対する 96 h の影響濃度はもっとかなり低い濃度である．ノリは S. capricornutum よりもはるかに影響をうけやすいことがわかる．

(4) モノクロラミンの生成，減衰，および酸化性物質の残留
 (a) NH_2Cl の生成量[28]

塩素消毒するとどのくらいの NH_2Cl が生成されるのだろうか．処理場から得られる未消毒処理水に遊離塩素（NaOCl）を加えると，加えた NaOCl の 54〜59 % が NH_2Cl に変わった．また，実際の塩素消毒処理水からは 0.37〜0.71 mg-Cl_2/L の酸化性物質が検出され，その 84 % が NH_2Cl であった．

実際の下水処理水の NH_2Cl 濃度を 0.5 mg-Cl_2/L とすると，処理水量 10 万 m^3/日（処理人口約 30 万人）の処理場からの 1 日の NH_2Cl の排出量は 50 kg となる．上述のように，非常に毒性の強い物質を連続して 1 日あたり 50 kg も公共用水域に捨てていることになる．今日，このような有害性物質を多量に公共用水域に捨てている排出源があるだろうか．改善技術はすでにあるのだから，一刻も早い導入が望まれる．

 (b) 海水および淡水中における NH_2Cl の減衰と酸化性物質の残留[26]

NH_2Cl は海水中で濃度が低下するとされている．完全に消滅して毒性もなくなるのだろうか．海水には 60 mg/L の臭化物イオン（Br^-）が含まれているために，海水に NH_2Cl を加えると，NH_2Br を主とする酸化性物質が生成されるため，NH_2Cl 濃度は低下する．4 mg-Cl_2/L になるように NH_2Cl を海水に加えると，その濃度が 1/2 に低下する時間（半減期）は，水温によって異なり，15 °C で 19 時間，20 °C で 10 時間，30 °C で 2.5 時間というように水温が低いほど長く残留する．減少した NH_2Cl の 90 % は酸化性物質として残留する．この酸化性物質のノリの生育に対する毒性は NH_2Cl の 1/40 に低下する．ノリ漁期は冬季であるから，NH_2Cl に暴露される可能性が高くなる．

一方，蒸留水中では NH_2Cl 濃度はほとんど低下しないでそのまま残留する．したがって，塩素消毒処理水が河川などに排除された場合には，淡水産生物への影響が海水におけるよりもはるかに強いはずである．

このような理由で，U. S. EPA の水生生物保護のための基準では，淡水では「全残留塩素（total residual chlorine）」を，海水では「残留全酸化性物質

(total chlorine-produced oxidant)」を用いて，相当する「遊離塩素濃度」としてあらわしている．

(5) NH_2Cl 毒性の低減法

このような強い毒性を示す NH_2Cl およびその酸化性物質の毒性は，還元剤（亜硫酸ナトリウム Na_2SO_3）による脱塩処理によってノリに対する毒性[30]も，緑藻[26]に対する毒性も完全に消失する．しかし，わが国では脱塩処理をまったくおこなっていない．米国では処理水放流河川への魚類の回復を目的に Na_2SO_3 による脱塩素処理をおこなっている処理場が多くあり，好結果を得ている．

(6) 環境目標濃度

U. S. EPA の基準値[31]はつぎのとおりである．いずれも，3年に1度以上基準値をこえないこと，としている．

海水：慢性毒性　　0.0075 mg-Cl_2/L　（酸化性物質として96時間平均濃度）
　　：急性毒性　　0.013　 mg-Cl_2/L　（酸化性物質として1時間平均濃度）
淡水：慢性毒性　　0.011　 mg-Cl_2/L　（全残留塩素として96時間平均濃度）
　　：急性毒性　　0.019　 mg-Cl_2/L　（全残留塩素として1時間平均濃度）

上記の3年としている理由は，一度絶滅〜絶滅に近い状態になった生物が回復するまでに要する時間が3年と考えられているためである．また，基準値が有効数字2桁まで明記されている理由は，信頼できる論文を厳選し，その毒性値を統計的に処理して得たものだからである．

ノリの影響評価から環境目標濃度をどのくらいにすべきか．NH_2Cl 自体の 48 h-LC_{50} 値は，前述のように，0.011 mg-Cl_2/L であった（図9.8）．一般に目標濃度として，48〜96 h-LC_{50} 値の 1/10 値（安全係数）を用いる．しかし，NH_2Cl は酸化性物質に変わり，その毒性は低くなる．しかし一方，0.5 mg-Cl_2/L の NH_2Cl が 0.01 mg-Cl_2/L に低下するために要する時間は約15時間である[28]．また，半潮汐時間である6時間暴露後，その時点で影響を検出できなくても，その後清浄培地で10日培養を続けると生育阻害があらわれるが，このようにして得られる生長が50％阻害される暴露時の NH_2Cl 濃度は 0.04 mg-Cl_2/L である[25]．したがって，環境目標濃度は，ノリ漁場が河口域近傍に展開されていて，NH_2Cl の暴露される可能性が高いことと，ノリ漁期が低水温季であるため NH_2Cl の半減期が長いことを勘案して，急性毒性値で

ある 48 h-LC$_{50}$ 値 0.011 mg-Cl$_2$/L に安全係数 1/10 を適用して NH$_2$Cl として 0.001 mg-Cl$_2$/L が妥当と考える．酸化性物質としては，試験生物が異なるものの，上記の U. S. EPA 基準（慢性毒性基準値 0.0075 mg-Cl$_2$/L）と同レベルとなる．

ノリの葉状体の生育に及ぼす塩素消毒下水処理水の問題点と対策を簡単にまとめよう．下水処理の主たる目的は，BOD 発現物質と病原菌を除去して放流水域の水環境，すなわち生態系を保全することである．しかしながら，(1) 塩素消毒していない 2 次処理水であってもいちじるしい生育阻害を起こす処理水があり，加えて (2) 塩素消毒すると，殺菌という目的は達せられるが，ノリや淡水産植物プランクトンに対してきわめて強い生育阻害物質であるモノクロラミン NH$_2$Cl が生成され，NH$_2$Cl を含んだまま川や海に放流されている．放流水域の容量が小さければ生態系にかなりの異変が起こっているはずである．

生下水に含まれていて処理しきれない有害性物質は，現状では「公共下水道への排出規制」によって規制しなければならない．一方，生物毒性のきわめて強い NH$_2$Cl を下水処理場から排出しつづけること自体が問題であり，排出源においてその毒性を皆無にしなければならない．その方法には，NH$_2$Cl が生成されない紫外線法，塩素消毒後に活性炭を用いない方法，あるいは塩素消毒後に還元法を適用する方法がある．これらのうちで，既存処理場の改良を考えれば，最も現実的で容易な方法は，亜硫酸ナトリウム (Na$_2$SO$_3$) による還元法である．Na$_2$SO$_3$ による還元法で NH$_2$Cl は分解され，ノリ[30] や淡水産植物プランクトン[26]に対する毒性が皆無になる．放流水域の生態系保全のために，一刻も早い処理場での採用が期待される．

9.3.2 懸濁粒子のノリ殻胞子の着床と発芽に及ぼす影響

海藻群落が維持されるためには，海藻の胞子（ノリなど）または遊走子（コンブなど）が基質（岩礁）に確実に着生することが細胞分裂開始の基本条件である．そこでノリの殻胞子を供試体（図 9.5 参照）とし，自然条件下で起こりうる殻胞子と懸濁粒子との 3 つの物理的相互関係について，懸濁粒子が殻胞子の基質への着生に及ぼす影響を調べた例を示す．3 つのケースとは，

① 殻胞子と懸濁粒子が同時に混合した状態で沈降して基質に着生するケー

ス，
② 懸濁粒子が基質上に沈積し，その上に殻胞子が基質に沈降・着生するケース，
③ 殻胞子が沈降・着生し，その上に懸濁粒子が沈積したケース，
である．無機懸濁粒子としてカオリン（平均粒径 3.4 μm）を用いた．殻胞子の直径は約 10 μm である．着生実験は，培養ウェルプレートの底面（直径 3.4 cm）にカバーグラス（18 mm×18 mm）を置き，これを基質としてノリ殻胞子およびカオリン粒子を自然沈降させた．カオリン懸濁海水と殻胞子懸濁海水の総容量を 10 mL（水深は 1.1 cm）とした．したがって，この系では，10 mg/L の懸濁海水の堆積粒子量は 10 μg/cm^2 となる．24 時間後の影響を最小影響濃度（LOEC）と半数影響濃度（EC$_{50}$）で評価した．さらに，粘土粒子の粒径，種類，ならびに有機懸濁物質による着生阻害について検討した結果も述べよう．

(1) ノリ殻胞子の基質への着生におよぼすカオリンの影響濃度[32]

上記の①,②,③のケースについて，試験開始から 24 時間後におけるカオリン濃度とカバーグラスへの着生率の関係を図 **9.9** に示した．殻胞子の着生が最も阻害された条件は，ケース①の場合で 24 h-EC$_{50}$ は 3 μg/cm^2 であった．ケース①,②,③における 24 h-LOEC の最小値は，ケース②の沈降したカオリン粒子上に殻胞子が沈下した場合で，1 μg/cm^2 であり，その 24 h-EC$_{50}$ は 5 μg/cm^2 であった．これに対して，ケース③では，阻害が最も少なく，24 h-EC$_{50}$ は 28 μg/cm^2 であった．

24 h-LOEC が 1 μg/cm^2 とは，カオリン濃度 1 mg/L 懸濁液中のカオリンが水深 1 cm を沈降・沈積して 1 μg/cm^2 となり，この上に殻胞子が沈降してくると，24 時間後には着生阻害がみられるということである．水道水の濁度の基準が 2 mg-カオリン/L であるから，非常に低濃度で影響することがわかる．

水産用水基準[6]の濁りの基準は，2 mg/L である．水深 1 m で 2 mg/L のカオリン粒子のすべてが沈降したとすると，その堆積粒子量は 200 μg/cm^2 となり，着生阻害濃度 1.0 μg/cm^2 の場合の 200 倍になるので，ノリ殻胞子の着生はほとんど期待できない．水産用水基準の 2 mg/L は，濁りによる光合成阻害の観点から求められた値であって，本実験のような殻胞子の基質への着生に対する影響濃度の観点からの検討はされていないのである．

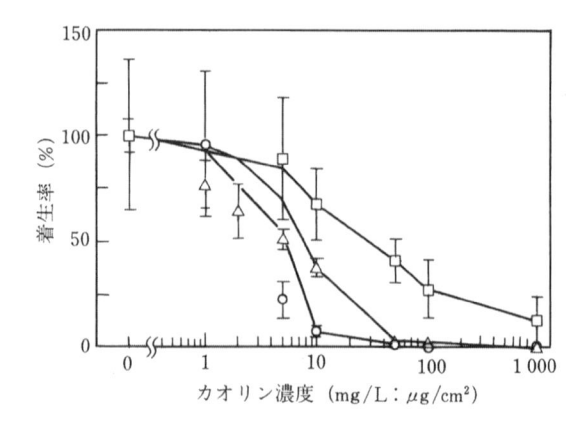

図 9.9 ノリ殻胞子のガラスプレートへの着生におよぼすカオリン濃度の影響．
○：ケース①，△：ケース②，□：ケース③； $n = 3$ [33]

(2) 懸濁粒子の粒径と種類の違いが着生阻害作用におよぼす影響[33]

　粒子の大小は着生に関係があるのだろうか．粒径の異なるカオリン粒子（$5.3 \pm 4.1\,\mu m$，1.7 ± 1.0，1.6 ± 0.7）について，上記の物理的相互関係のケース①について試験した 24 時間後における殻胞子の着生に対する影響をみた．粒子径が大きいほど影響する度合いが大きく，その 24 h-LOEC は $1.0\,\mu g/cm^2$（$1.0\,mg/L$）であった．

　粘土の種類による影響については，ほぼ一定粒子径のカオリン，酸性白土，モルデナイト，ベントナイトおよびハロサイトについての結果によると，ほとんど差がなく，LOEC は $1.0 \sim 2.0\,\mu g/cm^2$（$1.0 \sim 2.0\,mg/L$）であった．また，有機懸濁物質であるフミン酸（市販品）とデトリタス（培養後死亡した珪藻で作製）の懸濁海水については，粘土粒子と比較して，着生阻害の影響は小さく，24 h-LOEC はそれぞれ 10 と $20\,\mu g/cm^2$（10 と $20\,mg/L$）となり，無機の粘土粒子における LOEC よりもワンオーダー高い値を示した．

　以上の結果より，海藻の殻胞子や胞子が岩礁に着生するとき，岩礁上に微量（$1.0\,\mu g/cm^2$）の無機懸濁物が堆積していると，無機懸濁物質の種類に関係なく，そしてその粒径が大きいほど，着生阻害をあたえることを強く示唆している．

海域に存在する懸濁粒子群は，海水成分による凝集性粒子やマリーンスノー様懸濁質であるから，実験に用いたカオリン粒子ほどは着生影響が強くないであろう．しかし，いずれの懸濁質にしても相当の着生阻害を起こすことは明らかである．自然の姿では，夏～秋に台風が来襲して大量の水と土粒子が放出されるものの，同時に岩礁や底石に磨きがかけられ，胞子類の着生が容易になる．台風一過の河原の石面には堆積物はみられない．海藻の胞子の放出は，ノリでは10～11月，ワカメは2（九州）～5月（北海道）であり，岩礁面や底石面に堆積物の少ない時季と符合する．海藻の胞子は，自然の非常に激しい変動のなかで繁栄してきたのである．

これに対して，治水面では山林の土砂流出防止能や保水能の保全に力点を置かずに，河川の水量と水質（濁質など）を一挙に放出させる一方で，ダムにより水量の平準化をはかり，水質を悪化させて放流してきた．利水面では，たとえば都市排水は，河川の濁質と有害性物質の濃度を常に増加させてきた．結果として，水量と水質の両面で台風のような自然の変動と季節変化のサイクルをいちじるしく改変することとなった．このような改変が沿岸域の環境を変化させ，海藻の衰退の原因になっている可能性が高い．しかし，この種の研究はきわめて少なく，さらなる基礎的研究と現場検証が是非とも必要と考える．

水量と水質の両面で自然の変動とサイクルをできる限り改変しないようにするためには，自明のことながら，最上流の山林地帯から沿岸域まで一貫した治山・治水と利水をおこなわなければならない．改変せざるをえない場合には，自然の変動とサイクルにできる限り近くなるようにすることが必要である．

その際にも，最下流の沿岸域の生態系のあるべき姿から，陸域へ問題を返して排出制御や治山・治水および利水の目標を立てなければならない．1896,1897年（明治29，30）以来，河川法，砂防法，森林法で一本の河川の脈絡が分断されてきたように思われる．これら3法を，水に関する強力な「水法」に統合し，最上流から沿岸域まで整合性のある水行政を推進しなければならないと考える．

「川水が濁り，水量が減り，石を磨いてくれる台風が減って，収穫量が減った．」

これは高知県御荘湾の河口域で天然のヒロハノヒトエグサ（ノリの佃煮の原料藻）の採取を業とする古老の言である．人による自然の改変と自然そのものの変化が，生物の生息に敏感に反映していると思わざるをえない．

参考文献

[1] 通商産業省環境立地局監修：公害防止の技術と法規（水質編），丸善（1995），pp.6–13.
[2] 地球・人間環境フォーラム：自然環境，環境要覧'93/94，古今書院（1993），pp.122–123.
[3] 川島博之：東京湾流域における窒素の流れ—富栄養化と食料，農業—，用水と廃水，Vol.35, No.9（1993），pp.790–794.
[4] 小倉紀雄 編：東京湾—100年間の環境変遷—，恒星社厚生閣（1993），pp.27, 57, 73, 85, 89, 160–161, 185.
[5] 東京都環境保全局：平成2年度（1990）公共用水域の水質測定結果（資料編），東京都環境保全局（1991），pp.10–11, 381–383.
[6] 日本水産資源保護協会：水産用水基準（2000年版），日本水産資源保護協会（2000），pp.21–22.
[7] 城 久：大阪湾の開発と海域環境の変遷，沿岸海洋研究ノート，第29巻，第1号（1991），pp.3–12.
[8] 沼田眞，風呂田利夫：編東京湾の生物誌（清水誠：第5章水産生物），築地書館（1997），pp.143–151.
[9] 矢持進：大阪湾の環境と生物，環境技術，Vol.30, No.7（2001），pp.524–530.
[10] 日本水産学会編：沿岸海域の富栄養化と生物指標(多々良薫：9. 魚類漁業に及ぼす富栄養化の影響)，恒星社厚生閣（1982），pp.125–130.
[11] 河井智康：日本の漁業，岩波新書361（1994），pp.11–17.
[12] 農林水産省統計情報部：農林水産統計速報12-67（水産-4），(2000)，pp.1–2.
[13] 丸山俊朗，鈴木祥広：養魚排水の現状と水域への負荷—問題点とクローズド化への展望—，日本水産学会誌，Vol.64（1998），pp.216–226.
[14] 元田茂：海藻・ベントス（海洋科学講座5；菊池泰二：藻場生態系），東海大学出版会（1986），pp.23–37.
[15] 佐々木克之：干潟の水質保全と物質循環，用水と廃水，Vol.36, No.1（1994），pp.21–27.
[16] 環境省環境保険部環境安全課：平成12年度版 化学物質と環境，pp.19–42, 149–160, 161–204, 247–265.
[17] Hunt, J. W., B. S. Anderson, A. R. Coulon, et al. : Experimental evaluation of effluent toxicity testing protocol with giant kelp, mysids, red abalone, and topsmelt, Marine bioassay project forth report, State Resources Control Board, Division of water quality report, No.89-5WQ, pp.91–143.
[18] U. S. EPA (Cincinnati, OH) : Short-term methods for estimating the

chronic toxicity of effluents and receiving water to marine and estuarine organisms, EPA-600/4-87/028 (1988), pp.1–417.
[19] 丸山俊朗, 三浦昭雄：海藻を供試生物とした都市下水処理水の生物検定, 水環境学会誌, Vol.16, No.5 (1993), pp.327–338.
[20] 三浦昭雄：食品藻類の栽培 (三浦昭雄：ノリ), 恒星社厚生閣 (1992), p.12.
[21] 高見徹, 丸山俊朗, 鈴木祥広：スサビノリの殻胞子と発芽体を用いた毒性試験法, 土木学会論文集, No.566/VII-3 (1997), pp.71–80.
[22] 丸山俊朗, 三浦昭雄, 吉田多摩夫：養殖のりの生育に及ぼす都市下水処水の影響評価のための培養法について, 日本水産学会, Vol.53, No.12 (1987), pp.2227–2234.
[23] 丸山利朗, 三浦昭雄, 吉田多摩夫：養殖ノリの生育に及ぼす塩素殺菌都市下水処理水の影響, 日本水産学会誌, Vol.53, No.3 (1987), pp.465–472.
[24] Maruyama, T., K. Ochiai, and A. Miura, *et al.* : Effects of Clolramine on the Growth of *Porphyra yezoensis* (Rhodophyta), Nippon Suisan Gakkaishi, Vol.54, No.10 (1988), pp.1829–1834.
[25] 丸山俊朗, 熊谷和也, 三浦昭雄：塩素消毒によって生成されるモノクロラミンのノリの生育阻害濃度, 第28回下水道研究発表会講演集 (1991), pp.189–191.
[26] 鈴木祥広, 森下玲子, 丸山俊朗：淡水産植物プランクトンの増殖阻害試験によるモノクロラミンと塩素殺菌下水処理水の毒性評価, 水環境学会誌, Vol.19 (1996), pp.861–870.
[27] 藤田直二：塩素処理排水の水生生物に与える影響 (総説), 用水と廃水, Vol.30, No.6 (1988), pp.529–537.
[28] 鈴木祥広, 丸山俊朗, 高見徹：下水処理水の塩素消毒によるモノクロラミンの生成とその減衰, 下水道協会誌, Vol.33, No.407 (1996), pp.93–102.
[29] 鈴木祥広, 丸山俊朗, 高見徹, ほか：海水中におけるモノクロラミンの減衰と残留する酸化性物質の存在, 水環境学会誌, Vol.19 (1996), pp.388–396.
[30] 高見徹, 丸山俊朗, 鈴木祥広, ほか：海藻 (スサビノリ殻胞子) を用いた生物検定による都市下水の塩素代替消毒処理水の毒性比較, 水環境学会誌, Vol.21, No.11 (1998), pp.711–718.
[31] U. S. EPA : Ambient water quality criteria for chlorine, PB85-227429.
[32] 鈴木祥広, 丸山俊朗, 三浦昭雄, ほか：懸濁および堆積カオリン粒子のスサビノリ殻胞子の着生と発芽に及ぼす影響, 土木学会論文集, No.559/VII-2 (1996), pp.73–79.
[33] 鈴木祥広, 丸山俊朗, 三浦昭雄：懸濁物質がノリ殻胞子の着生に及ぼす影響, 土木学会論文集, No.580/VII-5 (1997), pp.19–26.
[34] 栗原康：干潟は生きている, 岩波新書129 (1980), pp.19, 29.
[35] 勝野聡一郎：東京湾の水質の現況, 水環境学会誌, Vol.25 (2002), pp.2–7.

Appendix
水資源問題に関する世界の動向

A.1　はじめに　196
A.2　地球の水危機の実態　197
　　　A.2.1　途上国における極度の水不足　197
　　　A.2.2　地下水の枯渇　199
　　　A.2.3　湖面積の縮小　201
　　　A.2.4　これらに起因する国際紛争　202
A.3　国際水文学計画　203
A.4　AP-FRIEND　204
A.5　GAME　206
A.6　第10回世界水会議（World Water Congress）　207
A.7　WWC（World Water Council, 世界水会議）　208
A.8　SWSとGWP　209
A.9　WWCとGWP　210
A.10　WCD（World Commission on Dams）　211
A.11　第2回世界水フォーラム　212
A.12　IWA（International Water Association）　214

A.1 はじめに

水文と水資源は表裏一体なことはいうまでもなく，簡単には，前者は物理的な水循環，後者はそれに消費，排出などの水利用が加わったものと定義できる．しかし，最近はそれぞれ環境，生態系などが広義には加えられている．

地球温暖化や砂漠化が懸念されて久しいが，人口の増加を考えると21世紀は水問題の世紀ともいわれている．国連では，UNESCO（国連教育科学文化機構）のもとで国際水文10年（International Hydrological Decade; IHD）から国際水文学計画（International Hydrological Programme; IHP）へと展開されている．

現段階における地球の水危機への対応の国際的組織としては，およそつぎのように4分類される．

① 国連の水関連諸機関および関連諸機関（たとえば世界銀行）．この代表例がユネスコによるIHPとその関連事業としてのAP-FRIENDなどである．さらにUNDP，WMOなど
② 国際的に専門学協会，とくにWWC設立の中心となったIWRA（国際水資源学会），およびIAHS（国際水文科学協会），ICOLD（国際大ダム会議），ICID（国際灌漑排水委員会），IAHR（国際水理学会），IWA（The International Water Association），WSSCC（The Water Supply and Sanitation Collaborative Council）など
③ 1990年代半ば以降設立された，地球水危機への対応のNGO，WWC（世界水会議），GWP（Global Water Partnership），一時的機関としてWCD（Water Commission on Dams），WCW（World Commission on Water）．

なお，これらには属さないがSWS（Stockholm Water Symposium）は特殊な地位を確立しつつある（**A.8** 参照）．

A.2 地球の水危機の実態

地球の水危機の実態は以下のように要約されよう．

A.2.1 途上国における極度の水不足

アフリカ，および一部の東南アジアなどの途上国における極度の水不足は病の原因となり，水不足と不完全な水処理によって多数の死者を生じている．**表A.1** に1人1日あたりの水道使用量 50 L 以下の国々を示す．FAO では最低限必要量を 50 L/人・日 としており，それに対する百分率をも示している．ちなみにわが国のこの値は，1999 年全国平均で 322 L/人・日 である．水道統計などを広く国際的に調査している Peter H. Gleick（米国カリフォルニア州の太平洋研究所）は，1日1人50Lは人間の最低限の権利であると主張している．最近大水害を受けたモザンビークは表 A.1 のように，この値も 10 L 以下で日常の水生活も悲惨な状況にある．

World Water Vision（2000 年 3 月）で引用された Shiklomanov などの推測によれば，先進国での節水効果を期待し，2025 年の需要予測は**表A.2** のとおりである．

表 A.1　上水使用量　1人1日50L以下の国

国　名	1990 年人口 （百万人）	上水使用量 （L/人・日）	最低限 50 L/人・日 に対応する%
Gambia	0.86	4.5	9
Mali	9.21	8	16
Somalia	7.5	8.9	18
Mozambique	15.66	9.3	19
Uganda	18.79	9.3	19
Cambodia	8.25	9.5	19
Tanzania	27.32	10.1	20
Central African Republic	3.04	13.2	26
Ethiopla	49.24	13.3	27
Rwanda	7.24	13.6	27
Chad	5.68	13.9	28
Bhutan	1.52	14.8	30
Albania	3.25	15.5	31
Zaire	35.57	16.7	33
Nepal	19.14	17	34

国　名	1990年人口 (百万人)	上水使用量 (L/人・日)	最低限 50 L/人・日 に対応する%
Lesotho	1.77	17	34
Sierra Leone	4.15	17.1	34
Bangladesh	115.59	17.3	35
Burundi	5.47	18	36
Angola	10.02	18.3	37
Djibouti	0.41	18.7	37
Ghana	15.03	19.1	38
Benin	4.63	19.5	39
Solomon Islands	0.32	19.7	39
Myanmar	41.68	19.8	40
Papua New Guinea	3.87	19.9	40
Cape Verde	0.37	20	40
Fiji	0.76	20.3	41
Burkina Faso	9	22.2	44
Senegal	7.33	25.4	51
Oman	1.5	26.7	53
Sri Lanka	17.22	27.6	55
Niger	7.73	28.4	57
Nigeria	108.54	28.4	57
Guinea-Bissau	0.96	28.5	57
Vietnam	66.69	28.8	58
Malawi	8.75	29.7	59
Congo	2.27	29.9	60
Jamaica	2.46	30.1	60
Haiti	6.51	30.2	60
Indonesia	184.28	34.2	68
Guatemala	9.2	34.3	69
Guinea	5.76	35.2	70
Côte d'Ivoire	12	35.6	71
Swaziland	0.79	36.4	73
Madagascar	12	37.2	74
Liberia	2.58	37.3	75
Afghanistan	16.56	39.3	79
Uruguay	3.09	39.6	79
Cameroon	11.83	42.6	85
Togo	3.53	43.5	87
Paraguay	4.28	45.6	91
Kenya	24.03	46	92
El Salvador	5.25	46.2	92
Zimbabwe	9.71	48.2	96

引用文献　Gleick (1993), FAO (1995), WRI (1994).

表 A.2　World Water Vision（2000 年 3 月）による，将来のあるべき水需要（km^3/年）

		1995[a]	2025[b]	増加百分率 (1995–2025)
農　業	取　水	2 500	2 650	6
	消　費	1 750	1 900	9
工　業	取　水	750	800[c]	7
	消　費	80	100	25
都市上水	取　水	350	500[d]	43
	消　費	50	100	100
貯水池（蒸発）		200	220	10
計	取　水	3 800	4 200	10
	消　費	2 100	2 300	10
地下水	過剰消費	200[e]	0	

a. Shiklomanov（1999）による．
b. W.W.V. メンバーによる推定．
c. 途上国において急増を認め，先進国は激減すると仮定．
d. 途上国の貧困者の需要は劇的に増大．先進国は横ばい，または減少．
e. S. Postel（1999）による．

A.2.2　地下水の涸渇

　地下水帯水層が全球的に涸渇し，地下水に依存している国々で水資源の確保が不十分，もしくは高価になり，貧困国を苦しめている．多くの地域での農業用水は地下水が頼りであり，地下水位の低下は農業生産にいちじるしい影響をあたえている．

　地下水危機は，とくに中国の北部と中央部，インドの北西部と南部，パキスタンの一部，米国西部，北アフリカ，中近東，アラビア半島において深刻である．インドの南部と北西部の 9 州では地下水の過剰揚水が激しく，揚水量は年間 1 000 億 m^3 をこえ，さらに増加する傾向にある．1990 年代に入ってから，世界の話題となった Narmada プロジェクトは，この地域において 3 000 万人に水道を提供しようとする計画である．しかし，1992 年に世界銀行および日本の ODA による資金がストップし，その後インド政府の資金のみによって工事は続行されているが，完成年は大幅に遅れている．Punjab および Haryana 州での地下水位低下はとくに深刻であり，Haryana 州の一部では年平均 0.6〜0.7 m，Punjab 州では広範囲にわたって同 0.5 m ずつ低下している．西端の Gujarat 州では過剰揚水により淡水層に塩水が浸入し，それに依存して飲料用水が広く汚染されている．これらの地下水障害によって，イ

ンドの穀物生産量の 4 分の 1 が失われるおそれがあると，スリランカの国際水管理研究所は警告している．この地下水危機は，貧富の格差を拡大する傾向がある．貧者は大型揚水ポンプを購入できないからである．

　パキスタン，バングラデシュでも類似の状況にあり，バングラデシュとインド東部などでは，地下水への砒素混入が深刻になっている．

　中国北部は慢性的水不足に悩んでおり，年間過剰揚水量は 300 億 m^3 をこえている．華北平原の大部分では，地下水位は年に 1〜1.5 m ずつ低下している．黄河の下流部の断水は，黄河周辺の地下水位低下を加速する原因ともなっている．地下水涸渇による食糧危機に対処するため，用水量の減少にも耐える作物への転換，もしくは品種改良，灌漑効率の向上などが，克服しなければならない重要課題となっている．海河と黄河の両流域における 2025 年の水不足量は，5 500 万トンの穀物栽培のための必要水量に相当し，年間穀物消費量の 14 %，世界の穀物輸出量の 4 分の 1 以上に相当する．

　米国での地下水の過剰揚水も激しい．カリフォルニア州における地下水過剰揚水量は年間 16 億 m^3 にも達しており，同州の年間地下水使用量の 15 %に相当する．この地下水過剰揚水はセントラルバレー（米国の柑橘などの果実と野菜の半分近くを供給）でも生じている．一方，ロッキー山脈東部に広がるグレートプレーンズ南部，主としてテキサス州の巨大な地下帯水層は，年間約 120 億 m^3 ずつその帯水量を減らしつつある．これら地域では汲み上げコストの増大と下がりつづける地下水位によって農業を放棄する農民が多いといわれる．ニューメキシコ，オクラホマ，テキサス，コロラド，カンザス，ネブラスカ 6 州で帯水層による灌漑面積は減少を続け，1978 年のピーク時の 520 万 ha から 1990 年には 420 万 ha へと減少した．さらに 2020 年までにはピーク時の 40 %が灌漑農業を停止すると見通されている．

　北アフリカとアラビア半島の地下水危機も深刻である．サウジアラビアの広大な地下水層は約 2 000 km^3 と推定されていたが，年間約 170 億 m^3 地下水が使用されてきた．ここでは風が強く酷暑であるため，穀物 1 トンの生産に 3 000 m^3 の水を使用していたのである．しかし，この割合で地下水使用を続ければ，2040 年までに地下水資源は涸渇すると推定されている．エジプトからモロッコに至る北アフリカ諸国でも，地下水過剰揚水による地下水位の低下，帯水層の地下水量の激減はほぼ似たような状況にある．

インド，中国，米国，北アフリカ，アラビア半島を合わせると，地下水資源使用量は年間約 1 600 億 m^3 におよぶと推定され，この膨大な地下水量によって灌漑農業が支えられていることになる．なお，インド，中国，米国，パキスタンの 4 ヶ国で世界の灌漑面積の過半を占め，これら 4 国を含む，上位 10 ヶ国で世界の灌漑地の 3 分の 2 に達する．

A.2.3 湖面積の縮小

中近東から北アフリカ，中国，米国などの湖面積の減少，湖水質は富栄養化と酸化，さらに土砂堆積，有毒物質汚染，生態系の破壊などが急速に進行している．

湖面積減少ではアラル海が最も深刻である．1960 年ころまで，その面積は 66 000 km^2（琵琶湖の約 100 倍）であり，世界第 4 位であったが，1993 年には約半分となり，さらに減少している．アラル海に注ぐアムダリア，シムダリア両川の流れを途中で灌漑用に大量取水したとされている．旧ソ連の自然改造計画によって，日本の面積の約 20 ％にあたる 76 000 km^2 の新たな灌漑開発により，灌漑後の水は蒸発と地下への浸透によって，アラル海まで到達する流量が激減したというのが定説である．アラル海のほか，カザフスタンのバルハシ湖，中国の青海湖，イランのいくつかの湖，カリフォルニアのモノ湖（水位低下 11 m で面積 30 ％減），ニジェール，ナイジェリア，チャドにまたがるチャド湖などが湖面積減少の顕著な例である．

湖沼への大量土砂の流入は，流域の農業，森林と直接関係している場合が多い．森林の過伐，焼畑農業は，人口増加と食糧増産に影響を受けている．焼畑農業は，ラオス，ベトナム，中国雲南省，タイ，ビルマで問題化しており，農地や牧草地の乾燥，浸食による土地の酷使により，土壌有機物が酸化し，水量保持が困難になっているのは，中国西部と南部，インド西部，アフリカのサヘル地域，アマゾン熱帯林破壊跡地などである．土砂流入による深刻な他の例は，中国の長江中流部の洞庭湖である．1825 年に 6 279 km^2 の湖面積は，1949 年に 4 350 km^2，1990 年に 2 000 km^2 と 3 分の 1 以下になっている．現在，湖は 3 分割されている．原因は，土砂堆積と大規模干拓である．これによる洪水調節減少は，最近の長江の中流部の大水害と関係があると思われる．洞庭湖が消滅に向かっていることは，生態系のみならず，この地域

一帯の環境にいちじるしい影響をあたえることになるであろう．

　湖沼への毒性物質（農薬，重金属，化学物質）流入による汚染は枚挙にいとまがない．アメリカの五大湖に関しては調査が進んでいる．湖周辺が重化学工業地帯であり，人口は約2500万人であり，生活排水，工業廃水，農業排水が五大湖に集中し，湖での滞留時間がきわめて長いことが事態を深刻にさせた．直接原因としては MIREX（現在生産中止），ミシガン湖底質 DDT などである．同様な難問は閉鎖性海域であるバルト海にも発生している．しかし，十分な調査がない例が多いと思われ，水質の点でも全球的に深刻な湖が多い．

A.2.4　これらに起因する国際紛争

　21世紀における水不足や水汚染がすでに国際紛争の種となっており，前述の幾多の水危機が原因となり，それが将来いっそう激しくなると懸念されていることは周知のとおりである．その要因と地域を以下列挙する．その要因として，

a) すでに水不足や水汚染が深刻化しつつある途上国が，いずれも貧困であり，対策資金が欠乏している．

b) 水の深刻な課題をかかえているほとんどの途上国の人口が急速に増大しつつあり，水，食糧，エネルギーなどの需要が急増しつつある．

c) 水不足に悩む中近東，中央アジア，アフリカ諸国では地下水をすでに過剰に揚水しており，地表水の頼みの綱の大河はいずれも国際河川であり，それぞれの国での水資源開発は上下流の国々にいちじるしい影響をあたえる．

d) 水資源開発の有望な国際河川の国々の宗教，民族，言語，習慣などが異なる例が多く，協調が容易でない．

　紛争がとくに懸念される地域としては，

a) ヨルダン川流域（イスラエル，ヨルダン，シリア，レバノン，パレスチナ），チグリス・ユーフラテス川流域（シリア，トルコ，イラク）

b) ナイル川流域（エジプト，スーダン，エリトリア，エチオピア，ケニア，タンザニア，ブルンジ，ルワンダ，ウガンダ，コンゴ）

c) ガンジス・ブラマプトラ川流域（バングラデシュ，インド，ネパール，

中国）

d) 南アフリカ（アンゴラ，ボツワナ，レソト，マラウイ，モザンビーク，ナミビア，南アフリカ共和国，スワジランド，タンザニア，ザンビア，ジンバブエ）

　これらの結果，水問題への対応によっては国際紛争の一要因ともなり，あるいはそれにかかわる先進国間の主導権争いをも惹起し，国際政治において重視されるようになる．

A.3　国際水文学計画

　国際水文学計画は，UNESCO において重点的におこなわれている国際協力事業である．1996 年 9 月に IHP の第 12 回政府間理事会が開催され，1995 年に終了した第 4 期プログラム（IHP-IV）の総括がなされるとともに，1996 年から 2001 年までの第 5 期（IHP-V）に基本方針が採択された．IHP-V では，下記のようなテーマが提案されている[2]．

　テーマ 1：地球規模の水文学および地球科学的諸過程
　テーマ 2：地表環境での生態水文過程
　テーマ 3：地下水の危機
　テーマ 4：緊急時，利害対立下での水資源管理
　テーマ 5：乾燥地，半乾燥地の総合的水資源管理
　テーマ 6：湿潤熱帯の水文学と水管理
　テーマ 7：都市の総合的水管理
　テーマ 8：知識・情報交換

　さらに，これらのテーマの下にそれぞれ 3〜5 題のプロジェクトが設定されている．

　テーマ 1 のプロジェクト 1-1 は，地域的なデータセットを用いた水文学的解析方法の応用であり，とくに，河川流況に関する国際的データベースの必要性とそれを用いた種々の研究の提案である．

　テーマ 2 では，2-1 に「植生，土地利用と侵食過程」，2-2 に「貯水池とデルタにおける土砂過程」，2-3 に「河川水系洪水氾濫原および湿地の相互作用」，

2-4 に「地表面の生態——水文過程の総合的評価」が含まれる.

テーマ3は主として地下水汚染の問題, テーマ4, 5は水資源関係で,「緊急時・対立状況時における水資源管理の戦略」と「乾燥・半乾燥地域での総合的水資源管理」が含まれている.

テーマ6は4個のプロジェクトよりなっている. すなわち, 6-1「湿潤熱帯環境および他の温暖湿潤地域における水文過程」, 6-2「熱帯湿潤地域における土地利用, 森林伐採, 浸食と土砂」, 6-3「熱帯湿潤地域における持続可能な開発のための総合的な水管理」, 6-4「地域的な水文過程研究および水資源管理における経験に関する情報交換」である.

テーマ7は都市の水管理で, 7-1「熱帯, 乾燥帯, 半乾燥帯, 寒冷地といった異なる気候条件における総合的な都市排水モデリング」が提案されている.

テーマ8では, 一般教育, 生涯教育, 専門教育, 情報・技術移転, 一般大衆への啓蒙があつかわれている. このように, IHP 活動の中身は, 水問題全般, すなわち水関連の幅広い分野から貢献できうる内容をまとめている.

A.4 AP-FRIEND

FRIEND とは, Flow Regimes from International Experimental and Network Data の略称で, IHP-V のプロジェクト 1-1 で提唱された. 当初は, 河川流況の時空間的変動に関する理解を深めることを目的として, 欧州スケールでのデータと技術の共用としてスタートした. その後, FRIEND に参加している UNESCO 加盟国によって, プロジェクトの継続と拡大がはかられ UNESCO の正式課題となり, IHP-IV, V にひき継がれた. FRIEND の目的は,「水文科学, 実用設計手法の発展のために, 水文現象の時空間特性の相違と類似点の理解を深めること」である. 具体的には, 広域の水文事象を,「国際的データ交換」により, 国境の制約なしに「国際的共同研究」をおこない, とくに国際河川をもつ国における洪水, 低水, 水質, 地下水などの情報交換が重要な特徴になっている.

1989年にノルウェー Bolkesjo での第1回 FRIEND 会議で発表された成果と, このプロジェクトの組織ならびに遂行上の柔軟性が重要視され, 地中海

地域（FRIEND AMHY），アフリカ地域，東南アジア太平洋地域，ヒンズークシ・ヒマラヤ地域，ナイル川地域などの FRIEND プロジェクトの発足が促された．現在は，北欧，南アフリカ，西中央アフリカ，中南米が加わり，8 個の地域 FRIEND が存在する．

　アジア太平洋 FRIEND（AP-FRIEND）は，1993 年 2 月に発足した IHP 東南アジア太平洋地域運営委員会（Regional Steering Committee：SC）の活動は，1996 年 11 月のインドネシア Jogjakarta での第 4 回 RSC 会議より本格的にはじまった．

　ここで，AP-FRIEND の目的をまとめると，
(i) 緊急の水需要における対策，すなわち，水資源管理に際しての水文モデルの作成
(ii) 人間活動，土地利用がおよぼす流域水環境や水資源への影響把握
(iii) 気候変動がおよぼす水資源管理への影響把握
(iv) 地域問題に対処するため異なる時空間スケールでの問題展開
(v) 水に関する諸技術の移転・指導

となる．こうした研究成果の評価基準として，地域内での訓練効果，地域問題への適用，国際社会への寄与もあげられており，単なる科学的知見の蓄積だけでなく，域内各国の発展に寄与する必要もある．データベースは，河川カタログと AP-FRIEND で集めたデータをもとに，インターネットのホームページを通じて共同利用されている．技術的なデータ管理はマレーシアの Kuala Lumpur の湿潤熱帯水文水資源センターが中心となっておこなわれている．現在，以下のホームページと第 3 巻までの Water Archive が用意されている．

　Kofu Node：http://titan2.cee.yamanashi.ac.jp/FRIEND/
　Australia Node：
　　　http://www.bom.gov.au/hydro/wr/unesco/friend/apfriend.shtml
　Center Node：http://htc.moa.my/apfriend/

A.5 GAME

　GAME はアジアモンスーンエネルギー・水循環観測研究計画（GEWEX Asian Monsoon Experiment：GAME）と呼ばれ，
(i) 　気候システムのエネルギー・水循環におけるアジアモンスーンの役割解明
(ii) 　アジアモンスーン変動の予測の物理的基礎の確立
(iii) 　モンスーン変動が地域・流域の水資源・水利用，水災害にあたえる影響評価

を目的としており，第I期では，プロセス解明とそのモデリングを中心に進められている．ユーラシア，モンスーンアジアの地表面状態（気候，植生）を代表するいくつかの地域における雲・降水過程と陸面水文過程の集中観測をおこない，大気・水文モデルの開発をおこなっている．

　第II期では，人工衛星，地上観測網によるモンスーン全過程（大気・海洋・陸面系）の長期モニタリングにより，モデルの検証と改良を目指し，気候システム変動におけるモンスーンの役割解明と，モンスーンの季節予報と地球水資源変動予測の飛躍的な精度向上をめざした．

　大陸スケールのアジアモンスーン循環は，より小さな地域スケールでの陸面・大気・海洋相互作用の積分された結果としてあらわれている．この大陸スケールと地域スケールのモンスーンは，2つのスケールの間での非線形なエネルギー・水循環を通して密接に結びついていると考えられているものの，データの欠如のためにいまだ十分な解明がなされていない．こうした視点からみて，GAME では，地形・植生的に典型的に異なる4地域（流域）におけるエネルギー過程と大気・陸面水循環過程の季節サイクルを詳細に観測するものである．

　熱帯モンスーンアジア（GAME-Tropics），湿潤亜熱帯モンスーンアジア（HUBEX），チベット高原（GAME-Tibet），シベリア（GAME-Siberia）の4つの特徴的な流域をとりあげて観測とモデルの形成が進行している．

A.6　第10回世界水会議（World Water Congress）

　国際水資源学会（IWRA）が主催する世界水会議（World Water Congress）が，2000年3月13日〜16日にメルボルン（オーストラリア）でおこなわれた．参加者は50ヶ国以上，500名強であった．

　最終日に出された会議の宣言文は"The Challenge of Sharing and Caring for the World's Water"をタイトルとしているように，21世紀には限られた水を平等に，清潔に，共有しようとの趣旨である．関係のある箇所をもう少し訳すと，以下のようになる（The Melbourne Declaration, 2000）．

> …（前略）．資源の有効利用を図るために，共有，保全，再利用に向けての新方策を見出さなくてはならない．社会，経済活動における需要，環境物質の保護，水利用の生産性向上のためには，水利用を考え直すことは極めて重要である．言い換えると，水に対する我々の権利を理解し，それを達成できる戦略を用意しなければならない．また我々は，水に関する紛争の可能性を減少させ，現存する重要な湿原（wetland）を守っていかなくてはならない．

　メルボルン会議のメッセージは，たいへん明確である．「危機は迫っている．行動を起こすのはいまだ．」水問題を学際的に議論し，政府・水管理者・水専門家・地方自治体間でパートナーシップと共通の場を設けることは，是非とも必要である．その結果，今日から明日に向けての世界的な水問題に対する挑戦が可能となるのである．

　なお，3年に1回開かれるIWRAのメルボルン総会においては，Special Sessionとして"Water management in Japan"が設けられたのは，わが国にとっては画期的であったといってよい．

A.7 WWC（World Water Council, 世界水会議）

　WWC は別名 The International Water Policy Think Tank とも自称しているように，地球の水危機に関する政策提言や情報提供などを目的とする機関である．1991 年に当時の IWRA の Asit K. Biswas 会長と CIDA（Canadian International Development Agency）の Brian Grover 氏らが提唱し，ダブリン会議とリオ地球サミットにおける水問題の対応に失望し，具体的に運動できる組織を求め，1994 年カイロでの IWRA 総会の際に水関連の 10 学会の代表を集めて，その設立が内定され，1996 年 6 月 14 日，マルセイユに本部を置いて WWC が正式に設立された．

　理事は 38 人，うち 10 が指定席として用意されており，これは WWC にとって重要な団体の代表が占めている．すなわち UNESCO，UNDP，WB（世銀），それに IWRA，ICID，IWA，WSSCC，IUCN などであり，WMO，IAHS がそれに準ずる扱いをうけている．WWC 会長の Mahmoud Abu-Zeid 博士は，エジプト政府水資源研究センター長から公共事業・水資源大臣に就任している．水の難問をかかえている中近東・アフリカにおいて，調整役として数々の実績があり，地球の水問題にかけがえのない人物である．WWC はその後，年 2～3 回，理事会および委員会を事務所のあるマルセイユ，支部のあるモントリオール，カイロ，および SWS（Stockholm Water Symposium）の際にストックホルムで開かれている．WWC は会員制であり，2002 年 3 月現在，会員数は約 300 に達し，日本からは 67 会員である．

　WWC は World Water Vision（WWV，世界水ビジョン）を 2000 年 3 月 22 日，国連水の日に，オランダのハーグで開催された第 2 回 World Water Forum および閣僚会議において発表した．その Vision 作成のために，WCW（World Commission on Water for 21st Century）が 1998 年 6 月に組織された．事務局はパリのユネスコ本部に設けられ，委員長は Ismail Serageldin で，水専門家のみならず，名誉委員にオランダ皇太子と 3 人のノーベル賞受賞者のほか，全世界から 20 人の著名人が名をつらねている．

A.8 SWS と GWP

　毎年8月中旬，ストックホルムでは盛大な水シンポジウム SWS（Stockholm Water Symposium）が開かれている．2002年で12回目を迎えたこのシンポジウムは，いまや世界で最も成功した連続的，実践的水シンポといえよう．このシンポに合わせて WWC（World Water Council）幹部会議などが開かれることが多い．

　このシンポには，アフリカ諸国はじめ多数の途上国の水のリーダーが集まっていることと，テーマが常にきわめて実務的で，時代の求める新しいテーマが的確に選ばれている点に特徴がある．アフリカ，中近東，インドなどの途上国からは多数の実践家がまねかれ，それぞれの国が現在かかえているテーマが選ばれ，熱意あふれる討議が披瀝されている．

　たとえば1999年の SIWI（Stockholm International Water Institute）と IWRA（International Water Resources Association）共催のセミナーは「我われは皆下流域に住んでいる」との認識のもと，"Towards Upstream / Downstream Hydro-solidarity" という魅力的な題が選ばれていた．2000年には SWS は10回を数えた．たぶん1億円にも達する資金の大部分を SIDA（Swedish International Development Agency）とスウェーデンの水関係企業が出資しているという．SWS は毎年授与される国際水賞ともども回を重ねるごとに声価は高まり，水分野でのスウェーデンの評価を高めている．国際水賞は1990年に創設され，第1回授賞は1991年であったが，1997年からその業務を SIWI に委託し，さらに評価が高まっている．賞金は15万ドルであり，日本からは1994年に久保赳さん，2001年に日系米国籍の浅野孝さんが受賞している．この SWS のプログラム委員会は Malin Falkenmark 博士（スウェーデン）が主宰している．

　21世紀の地球の水危機への国際的対応として，1992年ダブリンで賑々しく会合がもたれたのは周知のとおりである．その年のリオで開かれる地球サミットへの，水分野からの寄与を用意するのが，ダブリン会議の直接目的であった．しかし，多くの国際派水専門家が述懐するように，この会議の計画

と組織が不十分であったこともあり,高価な失敗であったといわれる.したがって,リオ地球サミットでは地球温暖化や生物多様性については成果をあげ,その後,各国の対応もこれらテーマには熱心であるが,水の量と質あるいは河川生態系の危機については形式的に議論され,事態の重大性と比べ,アジェンダ21 にきわめて不十分に加えられたにすぎない.

地球サミット後,その失地回復をも含めて,地球の水問題に深い関心をもつ人びとの間で,そのための国際的組織設立の必要性が審議され GWP (Global Water Partnership) や WWC が誕生した.

GWP は,世界の主として途上国の個々の地域で具体的な水資源マネジメントにかかわる事業について政府を援助しつつあり,問題解決型,具体的,実践的であるのが特徴といえる.

A.9 WWC と GWP

WWC と GWP はいずれも 21 世紀の地球の水危機への対応として,ダブリンとリオデジャネイロ会議での水分野の不振をも契機として誕生したので,その究極の目的は同じである.しかし,具体的戦略としては,GWP が地域密着型,現実的,実践型であるのに対し,WWC は,学会を母体として発足し,シンクタンクと自称している点からも察せられるとおり,現実を直視しようとするアカデミックな組織であり,とくに IWRA, ICID が影響力をもっている.

21 世紀の国際政治に水問題が重要なテーマになるとの認識のもと,とくにヨーロッパ各国およびカナダは,それへの深い関与に意欲を燃やしている.スウェーデンは,GWP の誕生に深くかかわり,SWS の成功で評判を高め,オランダ政府は,2000 年の第 2 回 World Water Forum の成功によって評価を高めた(第 1 回は 1997 年 3 月,モロッコのマラケシュで開催).フランスは WWC の事務局を,カナダのモントリオールと熾烈な選挙を経てマルセイユにもってくることに成功し,それを誇りとしており,シラク大統領も国連総会演説でしばしば WWC に言及することを忘れない.ドイツは GRDC の地道な科学的成果が全世界から評価されており,イギリスの水文研究所は,前

述の各国の活動に深く浸透し，それらを着実に支え，各国から感謝されている．イタリア，スペイン，モロッコ，エジプトなど地中海沿岸諸国は，水危機を迎えている北アフリカ，中近東諸国の水問題とすでになんらかの関係をもっていることもあり，水問題への国際的貢献に熱意を燃やしている．

WWC は新たな組織とはいえ，その理事にユネスコ，UNDP，あるいは IWRA，ICID の代表の指定席があるように，人脈を通じて国連や専門国際団体すなわち，既設機関の組織と連携されている．WWC と GWP も幹部に兼任者が多いので，その面では相互依存の面もあるといえる．

A.10 WCD（World Commission on Dams）

1990年代には，これ以外にも水資源などにかかわるさまざまな NGO が主として環境と開発の関係で誕生した．そのなかでとくにダムと環境にかかわる World Commission on Dams（WCD）を紹介する．

1996年，世銀の業務評価局（Operations Evaluation Dept.）は，世銀が資金提供した50の大ダム（高さ90m以上，貯水池面積200km^{2}以上，計83万人移転）に関する便益を評価した報告書を発表した．その結果13ダムが合格，24はほぼ合格，13が不合格であった．1997年，この報告に対し International Rivers Network（IRN）から，この方法論の欠陥とデータの不適切が指摘された．

この批判に応え，世銀と International Union for Conservation of Nature（IUCN）は，大ダムの支持者と反対者の討論の場を1997年4月，スイスのグランドで開いた結果，97年11月までに World Commission on Dams の設立を定め1998年5月に業務を開始した．この WCD は賛成派，反対派それぞれ6人からなり，その会長に南アフリカ共和国の当時水担当の Kadar Asmal 大臣を選出した．彼はアパルトヘイトの闘士であり，イギリスに亡命中は法律の大学教授であり，人権問題の専門家である．SWS などでの名講演は定評がある．WCW の委員でもあった．今後の地球水危機問題のキーパースンの一人である．現在はムベキ内閣の教育大臣となっている（前職はマンデラ政権で水資源森林大臣）．

WCD によって提出される勧告は，司法委員会ではなく，諮問的であって法的権限はもたないとされているが，その影響は決して無視できないであろう．WCD 本部はケープタウンにあり，事務局長と局員が常駐した．2000 年 11 月に報告書を提出した．なお，前述 IRN はダムに批判的な環境 NGO であり，"Silenced Rivers"（沈黙の川）の著者 Patrick McCully は IRN の Campaigns Director である．

1997 年現在，全世界に大小約 80 万ヶ所のダムが存在すると推定されており，最近では各所でダムをめぐる激しい対立が生じ，環境，社会または政治論争の的となっている．そのため大ダム建設への資金供給停止要求，ダム建設にともなう各種被害者に対する補償要求などをめぐる対立も激化している．WCD はこのような対立を背景として設立された．

WCD の主要な目的は，
① ダム開発の有効性を検討し，水資源およびエネルギー政策の代替案の評価をおこなう，
② ダムの計画，設計，建設，監視，運転，および廃止に関する将来の意思決定に助言をあたえるための国際的に受け入れられる基準と指針の作成
とされた．

WCD はワシントンにおける 1998 年 2 月発会以後，2 年間に 9 回の会議，論争中のダム・河川流域の事例研究，テーマ別検討，地域協議などの活動をおこなった．2000 年 11 月，WCD は最終報告書「ダムと開発—意志決定のための新しい枠組—」を公表し，その報告をめぐってさまざまな賛否両論が寄せられている．

A.11 世界水フォーラム（World Water Forum）

World Water Forum の第 2 回大会が，2000 年 3 月 17 日から 22 日にかけて，オランダのハーグにおいて盛大におこなわれた．この Forum は 3 年に 1 回開かれることになっており，第 1 回は 1997 年 3 月 21〜22 日の両日，モロッコのマラケシュにおいておこなわれた．第 2 回は予算規模，参加者など，前回の 10 倍を上まわる大規模であり，参集者は 4600 人にも達した．

A.11 世界水フォーラム (World Water Forum)

　第2回フォーラムは，同時に水関係閣僚会議および国際水フェアが開かれたことが，前回と異なり，オランダ政府のなみなみならぬ熱意のあらわれといえる．水閣僚会議には，約140ヶ国が参加し，最終的に閣僚宣言を発表している．日本からは建設省の岸田文雄政務次官が出席し，記者会見の場を設け，つぎの第3回世界水フォーラムの開催を発表した．理事会では，次回フォーラムを2003年日本開催（3月，京都，滋賀，大阪）と同時に，2006年モントリオールでの第4回フォーラム開催をも決定している．

　そもそも，マラケシュの第1回フォーラムは，1977年，アルゼンチンのマル・デル・プラタで開かれた国連水会議以後，ちょうど20年振りに開かれた水に関する大規模な国際会議であった．マル・デル・プラタ会議が水の南北問題に力点を置かれたのに対し，マラケシュ，ハーグと続いたフォーラムは，将来の地球の水危機への国際協力のありかたを主として議論するためであった．

　ハーグでのフォーラムでのハイライトは，1年半にわたって準備された世界水ビジョンの発表であった．ここでは約40の団体からのビジョン発表があったが，本命はWWCから指名されていたW. J. CosgroveとF. R. Rijsbermanが世界各地からの案をまとめあげたWorld Water Visionであった．このビジョンでは "Making Water Everybody's Business" と副題にあるように，地球の水危機をあらゆる人々に認識してもらい，人類すべてが協力して，地球の水危機に対処しようとする意気込みが感じられる．

　水閣僚会議宣言は，11か条からなり，共通目標として，"to provide water security in the 21st Century" が掲げられた．主要なチャレンジ項目として，Meeting basic needs, Securing the food supply, Protecting ecosystems, Sharing water resources, Managing risks, Valuing water, Governing water wisely, の7点が示された．それへの手段として，"integrated water resources management" の重要性が指摘されている．

　ハーグフォーラムの標語は "From Vision to Action" であったが，2003年日本でのForumの標語，すなわち目標は，ハーグでのビジョン，2002年のボンでのダブリン・テン，ヨハネスブルグでのリオ・テンをふまえてのフォローと，次へ向かうステップの提示であろう．

A.12 IWA (International Water Association)

　International Association on Water Quality (IAWQ) と International Water Services Association (IWSA) という水分野の二大国際学協会が統合して 21 世紀の地球上の水問題に貢献していくために，1998 年にパリとブリストルで 2 回の統合準備会議が両協会の会長，副会長，科学技術評議会議長などで開催されて 1999 年 8 月 1 日に正式に International Water Association (IWA) として発足，1999 年秋のブエノスアイレス IWSA 世界会議から統合が始まった．2000 年秋のパリ会議が正式に「第 1 回 IWA 世界会議」となり，2001 年秋のベルリンで「第 2 回 IWA 世界会議」，2002 年春のメルボルンで「第 3 回 IWA 世界会議」が開催された．それぞれ IAWQ, IWSA の世界会議として計画されていたものが，統合を受けて装いを改めたもので，それぞれのやりかたを色濃く残した開催となった．IWA 自身が計画する世界会議は 2004 年秋の第 4 回のマラケシュ世界会議が最初である．マラケシュからは 2 年おきに世界会議が開催されることになり，2006 年には北京で，2008 年にはヨーロッパで開催されることになっている．現在の IWA の会員数は 7 000 人をこえている．

　ベルリンで会長になった丹保放送大学長のもとで，最高決議機関である理事会とロンドンの事務局の人事を刷新，国地方の水機関の代表，大学などの研究機関代表 32 名からなる戦略評議会 (Strategic Council) を発足させ，副会長の一人がその議長になって会長会議，理事会，各地域の国内委員会に連携できるように設計された．2003 年 3 月に日本で開催される第 3 回世界水フォーラムにもこの戦略評議会が積極的にかかわって，IAHS (International Association of Hydrological Sciences), IWRA (International Water Resources Association), IAHR (International Association for Hydraulic Engineering and Research), ICID (International Commission on Irrigation and Drainage), IAH (International Association of Hydrogeologists) など世界の水関係学会の意見を集め，専門家集団のレポートとして報告するようになっている．

参考文献

〔1〕 岡積敏雄:21世紀に向けての世界水ビジョン策定の動き,土木技術資料41-10, pp.46-49, 1999
〔2〕 宝馨:国際水文学計画とアジア太平洋FRIENDについて,平成9年度科研費報告書,国際学術研究—学術調査,代表池淵周一(1998), pp.8-12
〔3〕 The Melbourne Declaration — The Challenge of Sharing and Caring for the Water, the World's Common Heritage —, Proceedings of the First World Water Forum, Marrakesh, Morocco, pp.21-22, March, 1997, edited by M. Ait-Kadi, A. Shady and A. Szollosi-Nagy, Elsevier (1997)
〔4〕 Central Eurasian Water Crisis, edited by I. Kobori and M. H. Glantz, UNU (1998)
〔5〕 State of the World, 2000-2001 by Lester R. Brown *et al.*, World Watch Institute (訳:地球白書2000~2001, ダイヤモンド社), 2000.
〔6〕 World Water Vision — Making Water Everybody's Business for the World Water Council, by W. J. Cosgrove and F. R. Rijsberman, Earth scan Pul.
〔7〕 ゼミナール地球環境論,慶應大学経済学部環境プロジェクト論,慶應大学出版会 (1999)
〔8〕 The World's Water, by Peter H. Gleick, Island Press (1998)
〔9〕 高橋裕:最近の水の国際情勢,河川,1999年9月, pp.3-7

索引

【あ】

青潮　170
浅瀬　175
アジアモンスーン　38
新しい都市・地域水代謝システム　20
アマモ（海草）場　176
有明海　184
亜硫酸ナトリウム（Na_2SO_3）による還元法　188

【い】

異臭味障害　157
異常気候　37

【う】

ウォータープラン21　75
雨水浸透促進施設　101
雨水浸透マス　102, 103, 105, 106, 108
　—浸透量　103
　—地下水涵養量　103
　—設置基準　102
埋立　176
　—面積　173

【え】

エアースパージング法　113
エアロゾル　39
栄養塩流入量　168
AP-FRIEND　204
SWS（Stockholm Water Symposium）　209
エッケンフェルダー（Eckenfelder）　9
エドウィン チャドウィック　152
江戸時代の用水事業　151
エネルギー消費　161
エルニーニョ　38
塩害　21
沿岸域　165, 166
塩素消毒　166
　—下水処理水　181, 188
　—2次処理水　183

【お】

大阪湾の全漁獲量　173
汚染物質　72
　—移流過程　86
　—拡散　112
温室効果ガス　39

【か】

海藻群落（藻場）　167
海藻を用いた毒性試験法　181
開放型水循環系　142
海面養殖生産量　175
化学物質　157
　—環境汚染調査　177
河川，湖沼の酸性化　43
河川水量　6
河川流域管理　76
河川流域計画　78
河川流量　38, 39
活性炭吸着法　114
下流汚濁　7
灌漑用水　119, 121, 123

環境基準　137, 156
環境湖　21
環境調和型農業　118
環境目標濃度　187
環境用水　123
感染症　153
感染性微生物による汚染　151
乾燥地域　32
緩速濾過　153
涵養メカニズム　95

【き】

気候変動に関する政府間パネル
　　　（IPCC）　36
気象緩和機能　66
共生　18
漁獲量　172
　　わが国の年間全――　174
近代科学技術　3
近代産業　2
近代都市の水利用・排出システム　6

【く】

空気線図　32
グリート　153
グリーンウォーター　22, 49
クリプトスポリジウム　159

【け】

健康影響リスク　157, 159
検出地点率　178
建設廃土　97
懸濁粒子　189

【こ】

降雨流出　51
公害対策基本法　155
公害問題から環境問題へ　134

公共下水道の普及率　157
公共財　124
工業用水　5, 74
公衆衛生　154
洪水緩和機能　67
洪水流出量　53
降水量　27, 36
　　――世界記録　31
　　――変動　37
高度浄水処理　159
高度処理プロセス　16
国際水文学計画（International
　　Hydrological Programme;
　　IHP）　196, 203
国際水文10年（International
　　Hydrological Decade; IHD）
　　196
湖沼の酸性化　43
孤立型都市の水利用形態　11
コレラ，チフスの大流行　152

【さ】

酸化性物質　186
酸性雨　42
酸性物質　42
酸素飽和度　170

【し】

GAME（GEWEX Asian Monsoon
　　Experiment）　206
COD　170
GWP（Global Water Partnership）
　　210
紫外線法　188
市街地空間　145
子午面循環　27
施設更新　160
自然（生態系）保全域　14
自然的フラックス　143
持続可能な農業　118
質と量を使い分ける　17

屎尿処理　153
シミュレーションモデル　82
社会環境的な水問題　10
社会基盤施設　160
遮水壁法　113
従来システム　18
取水規制区域の地下水　96
取水量経年変化　138
循環速度　4
循環量　150
消化器系感染症　153
浄化能力　177
消雪水　74
蒸発散　50
蒸発量　27
植生被覆率　55
食料自給率　175
ジョン スノー（John Snow）　152
人為的フラックス　143
人工降雨　34
人口集中　120
人工排熱　41
人工林　14
浸透マス　102, 103, 105, 106, 108
浸透流出　53
新水代謝システム　17
森林　46
　— 循環システム　46
　— 蒸発散量問題　55
　— 水源涵養機能　59
　— 水質保全　61
　— 生産物利用　48
　— 生態系　46
　— 土壌　52
　— 熱環境　65
　— 保全　48
　— 流出　56
　— 流出持続性　57
　— 流出水の水質　62
　— 流出特性　53
　— 流出プロセス　50
　— 流出量　55

　— 流出量平準化機能　58
森林域の代謝　140

【す】

水温移流過程　85
水源涵養機能　46, 55, 67
水源地　6
水産動物　172
水産用水基準　189
水質移流過程　85
水質改善　136
水質基準　159, 162
水質規制　136
水質（変換）マトリックス　16
水質保全機能　67
水蒸気の大気中での平均寿命　28
水蒸気量　32
水中酸素　7, 8
水田　121
水道水の快適性・安全性　158
水道水の使用量　156
水道法　154
水文環境　48
水文循環系　132
水文大循環　3
水利再編　120
水量流出過程　82
水路分級論　127
スサビノリの生活環　181
ストーム　34
ストリータとフェルプス（Streeter & Phelps）　9

【せ】

生育阻害濃度　185
生育阻害物質　184
生活用水　5
生産緑地　14
生態系の健全性　172
生態系保全　126, 128
生物学的酸素消費量　9

生物学的水循環　126
生物多様性　126
世界の降水量分布　28
世界水フォーラム（World Water Forum）　212
瀬戸内海の漁獲量　174
船底塗料　180
全燐　170

【そ】

総合的な治水対策　145
総合流域管理概念　76
相対湿度　26

【た】

第一種特定化学物質　178, 179
ダイオキシン類　111
大気汚染　42
大気汚染物質の輸送　42
大気中の水蒸気圧　26
第10回世界水会議（World Water Congress）　207
大都市圏の地下水　97
濁度　62
脱塩処理　187
WHO（世界保健機関）　158
WCD（World Commission on Dams）　211
WWC（World Water Council）　208, 210
多目的な評価関数　77
淡水資源　150
淡水の涸渇　147
断流現象　134

【ち】

地域活動用水　123
地域公共資源　124
地域資源　124

地域の水均衡　137
地域用水　121
遅延時間　54
地下水　94, 133
　— 取水量　96
　— 使用状況　94
　— 水位の上昇　98
　— 水質モニタリングシステム　114
　— 流出　54
　— 流動特性　133
地下水資源　95
　— 蘇生　101
地下水揚水法　113
地球温暖化　35
地球環境制約時代　2
地球規模水循環　26
　— 変動　35
地球の平均地上気温　35
地上相対湿度 RH　27
窒素の収支　168
地表に存在する水　4
中間流　52
中間流出　54
貯留施設　145

【つ，て】

土の劣化　146
DID（densely inhabited district, 人口集中地区）　132
点源（点的発生源；point source）　86

【と】

東京湾の全漁獲量　172
東京湾流域人口　168
都市域の自制論理　19
都市活動用水　123
都市産業域　14
都市人口率　132
都市・地域の水代謝　1, 137

都市の水代謝　7, 144
土壌ガス吸引法　112
土壌掘削法　112
都市用水　6, 73, 75
土壌水の移動　52
土壌水分量　38, 51
土壌層での水質形成　63
土壌・地下水汚染　111, 146
　── 浄化　112
土壌の価値　146
土地改良区　128
土地利用と水代謝　140
土地利用と流況曲線　58
利根川水系　133

【な, に】

難分解性物質　180
二酸化炭素削減と水利用　147
日本の人口変化　12
日本の水資源　72

【の】

農業水利　118
農業用水　5, 21, 74, 121
農業用水の管理　128
ノリ（海苔）　181
ノリ殻胞子の基質への着生　189

【は】

梅雨前線　31
排水基準　156
ハゲ山　48
曝気処理法　113
発生負荷　168, 170
ハドレー循環　27
バリア井戸　113
バリアトレンチ法　113
半乾燥地域　32
半数致死濃度　185

【ひ】

ヒートアイランド　41
pF 値　51
干潟　175, 176
評価基準　78
評価項目　78
表面流　52

【ふ】

ファジイ論的評価　78
不安定取水　75
富栄養化現象　10
負荷量　166
プライオリティリスト　178

【へ, ほ】

平均降水量　28
閉鎖型水循環系　142
閉鎖性海域　136
閉鎖性水域　136, 166
ボーエン比　66
ホートン型表面流　52

【ま, み】

膜処理システム　17
未消毒2次処理水　182
水環境圏　20, 22
水環境への負荷源　162
水災害　135
水資源　72
　── 開発　134, 135
　── 水質変化　42
　── 不均衡　140
　── 賦存量　73, 139
　　日本の ──　72
水資源問題　22
水需要総体の縮小過程　120
水需要の減少　119

水循環過程　　132
水処理　　15
水代謝システム　　19, 21
水防災　　134
水利用　　125
水利用行為　　121
水を使う　　150

【め, も】

面源（面的発生源；non-point source）　　86
モノクロラミン（NH_2Cl）　　184
　　— 減衰　　186
　　— 生育阻害濃度　　185
　　— 生成量　　186
藻場　　175, 181

【ゆ】

U. S. EPA の基準値　　187
有機懸濁物質　　190
有機合成機能膜　　19

【よ】

養魚用水　　74
用水管理型の土地改良区　　128
用水需要量　　5
溶存酸素不足量（OD）　　8
淀川水系　　133

【り】

利水安全度　　161
流域環境システム　　13
流域環境評価　　81
流域管理　　67, 77
流域蒸発散量　　56
流域生態系水循環システム　　68
流域水循環モデル　　82
流況解析法　　60
流出率　　57
流入負荷　　170
　　— 量　　171, 172

【れ, ろ】

冷気プール　　34
レクリエーション用水　　123
濾過摂餌動物　　176

水文大循環と地域水代謝　　　　　　定価はカバーに表示してあります

2003年1月20日　1版1刷　発行　　　ISBN 4-7655-3184-8 C3050

　　　　　　　　　　　　　　　編　者　丹　保　憲　仁
　　　　　　　　　　　　　　　　　　　丸　山　俊　朗
　　　　　　　　　　　　　　　発行者　長　　祥　　隆
　　　　　　　　　　　　　　　発行所　技報堂出版株式会社
　　　　　　　　　　　　　　　〒102-0075　東京都千代田区三番町8-7
　　　　　　　　　　　　　　　　　　　　　　　（第25興和ビル）
日本書籍出版協会会員
自然科学書協会会員　　　　　　　電　話　営業　(03)(5215)3165
工　学　書　協　会　会　員　　　　　　　　　　編集　(03)(5215)3161
土木・建築書協会会員　　　　　　FAX　　　(03)(5215)3233
　　　　　　　　　　　　　　　振　替　口　座　　00140-4-10
Printed in Japan　　　　　　　　　http://www.gihodoshuppan.co.jp

Ⓒ Norihito Tanbo & Toshiro Maruyama, 2003　　装幀　海保　透
　　　　　　　　　　　　　　　　　　　　　　　印刷・製本　日経印刷

落丁・乱丁はお取り替えいたします．
本書の無断複写は，著作権法上での例外を除き，禁じられています．

●小社刊行図書のご案内●

水環境の基礎科学　E.A.Laws著／神田穰太ほか訳　A5・722頁

自然の浄化機構　宗宮功編著　A5・252頁

水をはぐくむ －21世紀の水環境　大槻均ほか編著　A5・208頁

水環境と生態系の復元 －河川・湖沼・湿地の保全技術と戦略　浅野孝ほか監訳　A5・620頁

水資源マネジメントと水環境 －原理・規制・事例研究　N.S.Grigg著／浅野孝監訳　A5・670頁

沿岸都市域の水質管理 －統合型水資源管理の新しい戦略　浅野孝監訳／渡辺義公ほか訳　A5・476頁

水資源 [新体系土木工学第72巻]　椎貝博美著　A5・150頁

名水を科学する　日本地下水学会編　A5・314頁

続名水を科学する　日本地下水学会編　A5・264頁

●シリーズ日本の水環境（全7巻）

1. **北海道編**　日本水環境学会編　A5・278頁
2. **東北編**　日本水環境学会編　A5・260頁
3. **関東・甲信越編**　日本水環境学会編　A5・288頁
4. **東海・北陸編**　日本水環境学会編　A5・260頁
5. **近畿編**　日本水環境学会編　A5・290頁
6. **中国・四国編**　日本水環境学会編　A5・216頁
7. **九州・沖縄編**　日本水環境学会編　A5・242頁

技報堂出版　TEL編集03(5215)3161 営業03(5215)3165　FAX 03(5215)3233